危险化学品重大危险源
操作负责人
工伤预防知识

中国化学品安全协会◎组织编写

中国劳动社会保障出版社

图书在版编目(CIP)数据

危险化学品重大危险源操作负责人工伤预防知识/中国化学品安全协会组织编写. -- 北京：中国劳动社会保障出版社，2022

危险化学品重大危险源包保责任人工伤预防能力提升培训系列教材

ISBN 978-7-5167-5507-5

Ⅰ.①危…　Ⅱ.①中…　Ⅲ.①化工产品-危险品-工伤事故-事故预防-技术培训-教材　Ⅳ.①X928.503

中国版本图书馆 CIP 数据核字(2022)第 128731 号

中国劳动社会保障出版社出版发行

(北京市惠新东街 1 号　邮政编码：100029)

*

三河市华骏印务包装有限公司印刷装订　新华书店经销

787 毫米×1092 毫米　16 开本　15.5 印张　228 千字

2022 年 8 月第 1 版　　2022 年 8 月第 1 次印刷

定价：52.00 元

读者服务部电话：(010) 64929211/84209101/64921644

营销中心电话：(010) 64962347

出版社网址：http://www.class.com.cn

编委会

主　　任：郝　军

副 主 任：张玉平

委　　员：(按姓氏笔画排序)

王　震　　冯建柱　　孙志岩　　张　博

林京耀　　周　欢　　侯红霞　　嵇　超

魏　东　　魏东来

本书主编：孙志岩　　魏东来

编写人员：张玉平　　侯红霞　　冯建柱　　周　欢

魏　东　　嵇　超　　王　震

前言

我国历来高度重视工伤预防工作。2020 年 12 月，人力资源社会保障部、工业和信息化部、财政部、住房城乡建设部、交通运输部、国家卫生健康委员会、应急管理部、中华全国总工会联合印发《工伤预防五年行动计划（2021—2025年)》，提出瞄住盯紧工伤事故和职业病高发的危险化学品等重点行业企业、深入推进工伤预防培训等任务。

为了落实《工伤预防五年行动计划（2021—2025 年)》，提升危险化学品领域从业人员工伤预防意识和能力，2021 年 12 月，人力资源社会保障部、应急管理部联合印发《关于实施危险化学品企业工伤预防能力提升培训工程的通知》（人社部函〔2021〕168 号）（以下简称"通知"）。通知要求，深入学习贯彻习近平总书记关于安全生产重要论述，紧紧围绕从源头上消除事故隐患，实施危险化学品企业工伤预防能力提升培训工程。2022 年，将重点轮训重大危险源主要负责人、技术负责人和操作负责人。

重大危险源能量集中，一旦发生事故破坏力强，伤亡大、损失大、影响大。为有效遏制重特大事故发生，通知提出"重点保障重大危险源企业相关人员培训""2022 年重点轮训重大危险源包保责任人"的要求，更加凸显出管控好重大危险源对于防范化解危险化学品重大安全风险的重要性，表明了加强重大危险源包保责任人培训对于提升重大危险源安全生产基础保障水平的必要性和紧迫性。自《危险化学品企业重大危险源安全包保责任制办法（试行）》施行以来，重大危险源主要负责人、技术负责人、操作负责人成为企业重大危险源安全管控的关键人群，各负其责，在保障重大危险源安全平稳运行方面发挥着重要作用。按照通知要求，对重大危险源包保责任人开展针对性安全培训，有利于进一步压实包保责任，提升履责能力，确保重大危险源风险受控、安全运行，遏制重特大事故发生。

为了提升重大危险源包保责任人工伤预防能力提升培训质量，帮助重大危险源包保责任人学习和掌握落实重大危险源包保责任必需的安全生产知识，中国化学品安全协会组织专家，按照应急管理部下发的《重大危险源包保责任人培训要点》，结合我国重大危险源安全管理现状，梳理重大危险源安全生产应知应会知识，编写了"危险化学品重大危险源包保责任人工伤预防能力提升培训系列教材"。本套教材包括以下四个分册：《危险化学品重大危险源主要负责人工伤预防知识》《危险化学品重大危险源技术负责人工伤预防知识》《危险化学品重大危险源操作负责人工伤预防知识》和《危险化学品重大危险源包保责任人工伤预防能力提升培训习题集》。

本套丛书在编写过程中，参阅了相关资料与著作。在此对有关著作者和专家表示感谢。本套丛书力求内容全面、知识实用，但由于编者水平所限，书中恐有疏漏，敬请广大读者批评指正并提出宝贵意见。

编委会

2022 年 7 月

内容简介

　　本书围绕安全生产有关法律、法规、规章、标准及文件对危险化学品重大危险源操作负责人安全管理的要求编写，着重从操作管理层面提升重大危险源操作负责人对重大危险源的安全管控能力。

　　本书以重大危险源操作负责人应该了解的安全生产知识和管理技能为出发点，以问答的形式介绍了重大危险源基础知识、重大危险源安全生产管理和重大危险源事故应急管理等内容。所选题目针对性强，内容解析专业翔实，文字语言通俗易懂，适合危险化学品企业相关人员学习和使用，适用于危险化学品企业工伤预防能力提升培训及安全生产培训等。

目录

第一章
重大危险源基础知识

第一节 重大危险源的辨识及分级

一、重大危险源辨识

1. 危险化学品重大危险源、单元和临界量是如何定义的?

根据《危险化学品安全管理条例》,危险化学品是指具有毒害、腐蚀、爆炸、燃烧、助燃等性质,对人体、设施、环境具有危害的剧毒化学品和其他化学品。

根据《危险化学品重大危险源辨识》(GB 18218—2018),危险化学品重大危险源是指长期地或临时地生产、储存、使用和经营危险化学品,且危险化学品的数量等于或超过临界量的单元。

单元是指涉及危险化学品的生产、储存装置、设施或场所,分为生产单元和储存单元。临界量是指某种或某类危险化学品构成重大危险源所规定的最小数量,单位为吨。

2. 重大危险源生产单元和储存单元是如何划分的?

生产单元是危险化学品的生产、加工及使用等的装置及设施,以具有明显防火间距和相对独立的功能为划分原则。装置及设施之间有切断阀的,以切断阀作为分隔界限划分为独立的单元;单元间无切断阀的,按一个生产单元进行划分。

对于生产装置内的中间储罐，原则上与生产装置一起进行重大危险源辨识。

储存单元是用于储存危险化学品的储罐或由仓库组成的相对独立的区域。储罐区以罐区防火堤为界限划分为独立的单元，储罐区未集中布置的，则应分别划分单元进行辨识。仓库以独立库房（独立建筑物）为界限划分为独立的单元。对于一个生产厂房内有多套生产设施的，按照一个单元进行辨识。一个生产厂房内的中间仓库和厂房整体进行单元辨识。罐式集装箱、汽车槽车、火车槽车等可移动设备如作为固定设施进行管理的，应与固定设施一起进行重大危险源辨识。

3. 如何确定危险化学品临界量？

（1）《危险化学品重大危险源辨识》（GB 18218—2018）的表 1 给出了常见危险化学品名称及其临界量，在表 1 范围内的危险化学品，其临界量通过查询表 1 确定，如液氯的临界量为 5 t。

（2）未在《危险化学品重大危险源辨识》（GB 18218—2018）表 1 范围内的危险化学品，应依据其危险特性，按《危险化学品重大危险源辨识》（GB 18218—2018）表 2 确定其临界量。

若一种化学品具有多种危险性，对应得出多个临界量，应按其中最低的临界量进行重大危险源判定，如一类自然液体临界量为 50 t。

4. 如何判定单元是否构成重大危险源？

生产单元、储存单元内存在危险化学品的数量等于或超过《危险化学品重大危险源辨识》（GB 18218—2018）中规定的临界量，即被定为重大危险源。

单元内存在的危险化学品的数量根据储存危险化学品的种类分为以下两种情况。

（1）单元内存在的危险化学品为单一品种，则该危险化学品的数量即为单元内危险化学品的总量。若等于或超过相应的临界量，则定为重大危险源。需要特别注意的是，若构成重大危险源的单元内危险化学品实际储存量和单元设计储存量不符，应该将设计储存量作为危险化学品的总量进行重大危险源的辨识。

（2）单元内存在的危险化学品为多品种时，则按式 1-1 计算。若满足式 1-1，则定为重大危险源：

$$S = \frac{q_1}{Q_1} + \frac{q_2}{Q_2} + \cdots + \frac{q_n}{Q_n} \geq 1 \qquad (1-1)$$

式中 S——辨识指标;

  q_1,q_2,$\cdots$,q_n——每种危险化学品实际存在量,t;

  Q_1,Q_2,$\cdots$,Q_n——与每种危险化学品相对应的临界量,t。

二、重大危险源分级

1. 重大危险源分级指标的计算方法是什么?

根据《危险化学品重大危险源辨识》(GB 18218—2018)中关于重大危险源分级指标的计算方法,采用单元内每种危险化学品实际存在量与其相对应的临界量比值,经校正系数校正后的比值之和 R 作为分级指标,按式 1-2 计算:

$$R = \alpha\left(\beta_1\frac{q_1}{Q_1} + \beta_2\frac{q_2}{Q_2} + \cdots + \beta_n\frac{q_n}{Q_n}\right) \qquad (1-2)$$

式中 R——重大危险源分级指标;

  α——该危险化学品重大危险源厂区外暴露人员的校正系数;

  β_1,β_2,$\cdots$,β_n——与每种危险化学品相对应的校正系数;

  q_1,q_2,$\cdots$,q_n——每种危险化学品实际存在量,t;

  Q_1,Q_2,$\cdots$,Q_n——与每种危险化学品相对应的临界量,t。

2. 校正系数 α、β 的含义分别是什么?如何取值?

α 是指该危险化学品重大危险源厂区外暴露人员的校正系数,根据危险化学品重大危险源的厂区边界 500 m 范围内常住人口数量,按照表 1-1 确定 α 取值。需要注意一点,校正系数 α 是以厂区边界进行计算,不是以每个重大危险源单元边界进行计算。

表 1-1   暴露人员校正系数 α 取值

厂外可能暴露人员数量	校正系数 α
100 人以上	2.0
50~99 人	1.5
30~49 人	1.2
1~29 人	1.0
0 人	0.5

β 是指与每种危险化学品相对应的校正系数，根据单元内危险化学品类别不同进行取值，一般来说，化学品危险性越大，β 值越大。《危险化学品重大危险源辨识》（GB 18218—2018）的表 3 给出了某些毒性气体校正系数 β 的取值，未在表 3 范围内的危险化学品，应依据其危险特性，查询《危险化学品重大危险源辨识》（GB 18218—2018）的表 4 确定 β 取值。例如，氨对应的 β 值为 2，爆炸物对应的 β 值为 2，易燃固体对应的 β 值为 1。

3. 如何确定重大危险源级别？

依据《危险化学品重大危险源辨识》（GB 18218—2018），根据重大危险源分级指标 R 值，通过查询表 1-2 可确定重大危险源级别。

表 1-2　　　　　危险化学品重大危险源级别和 R 值的对应关系

危险化学品重大危险源级别	R 值
一级	$R \geqslant 100$
二级	$100 > R \geqslant 50$
三级	$50 > R \geqslant 10$
四级	$R < 10$

从 R 值计算公式和 R 值与重大危险源级别对应关系可以看出，危险化学品实际存在量越多、自身危险性越大、厂外可能暴露人员数量越多、危险化学品对应的临界量越小，分级指标 R 值越大，越要给予高度重视，进行严格的管控。

重大危险源分为四级，分别是一级重大危险源、二级重大危险源、三级重大危险源和四级重大危险源。其中，一级重大危险源级别最高，安全管控也最严格。

❓ 思考题

1. 对于危险化学品混合物，辨识重大危险源时应如何确定其临界量？

2. 若危险化学品的储存库房设计量与实际储存量相差较大，应如何进行重大危险源辨识？

第二节 危险化学品的危险特性

一、危险化学品分类及主要特性参数

1. 危险化学品如何进行分类？

《化学品分类和标签规范》（GB 30000.2—2013~30000.29—2013）将化学品危险性分为 28 类 95 个类别。以此为基础，《危险化学品目录（2015 版）》选取了 28 类中危险性较大的 81 个类别作为危险化学品。

28 类危险化学品根据危险和危害特性分为物理危险、健康危害和环境危害 3 类。具有物理危险特性的有：爆炸物、易燃气体、气溶胶、氧化性气体、加压气体、易燃液体、易燃固体、自反应物质和混合物、自热物质和混合物、自燃液体、自燃固体、遇水放出易燃气体的物质和混合物、金属腐蚀物、氧化性液体、氧化性固体和有机过氧化物 16 类；具有健康危害特性的有：急性毒性、皮肤腐蚀/刺激、严重眼损伤/眼刺激、呼吸道或皮肤致敏、生殖细胞致突变性、致癌性、生殖毒性、特异性靶器官毒性——一次接触、特异性靶器官毒性——反复接触和吸入危害 10 类；具有环境危害特性的有危害水生环境和危害臭氧层 2 类。下面就 28 类危险化学品的定义进行介绍，以便系统了解分类情况。

（1）爆炸物指能通过化学反应在内部产生一定速度、一定温度与压力的气体，且对周围环境具有破坏作用的一种固体或液体物质（或其混合物）。

（2）易燃气体指在 20 ℃和标准压力（101.3 kPa）时与空气混合有一定易燃范围的气体。化学不稳定气体指在没有空气或氧气时也能极为迅速反应的易燃气体，如乙炔、丙二烯等。

（3）气溶胶指喷雾器内装压缩、液化或加压溶解的气体，并配有释放装置以使内装物喷射出来，在气体中形成悬浮的固态或液态微粒或形成泡沫、膏剂或粉末或者以液态或气态形式出现。

（4）氧化性气体指采用《化学品危险性分类试验方法　气体和气体混合物燃烧潜力和氧化能力》（GB /T 27862—2011）规定方法确定的氧化能力大于23.5%的纯净气体或气体混合物。

（5）加压气体指在20 ℃下，压力等于或大于200 kPa（表压）下装入储器的气体，或液化气体或冷冻液化气体。加压气体包括压缩气体、液化气体、溶解气体、冷冻液化气体。

（6）易燃液体指闪点不大于93 ℃的液体。

（7）易燃固体指容易燃烧的固体，通过摩擦引燃或助燃的固体。易燃固体与点火源（如着火的火柴）短暂接触容易点燃且火焰迅速蔓延。

（8）自反应物质和混合物指即使没有氧气（空气）也容易发生激烈放热分解的热不稳定液态或固态物质或者混合物。

（9）自燃液体指即使数量小也能在与空气接触5 min 内着火的液体，如三溴化三甲基二铝、二甲基锌、二氯化乙基铝、三异丁基铝等。

（10）自燃固体指即使数量小也能在与空气接触5 min 内着火的固体，如白磷、二苯基镁、二甲基镁、金属锶等。

（11）自热物质和混合物指除自燃液体或自燃固体外，在空气中不需要能量供应就能够自热的固态、液态物质或混合物，如甲醇钾、连二亚硫酸钠和金属钙粉等。

（12）遇水放出易燃气体的物质和混合物指通过与水作用，容易具有自燃性或放出危险数量的易燃气体的固态或液态物质和混合物。

（13）氧化性液体指本身未必可燃，但通常会放出氧气可能引起或促使其他物质燃烧的液体。

（14）氧化性固体指本身未必可燃，但通常会放出氧气引起或促使其他物质燃烧的固体。

（15）有机过氧化物指可发生放热自加速分解、热不稳定的物质或混合物，具有一种或多种下列性质：易于爆炸分解、迅速燃烧、对撞击或摩擦敏感、与其他物质发生危险反应。

（16）金属腐蚀物指通过化学作用会显著损伤甚至毁坏金属的物质或混合物。

（17）急性毒性指经口或经皮肤给予物质的单次剂量或在 24 h 内给予的多次剂量，或者 4 h 吸入接触发生的急性有害影响。

（18）皮肤腐蚀指对皮肤能造成不可逆损害的结果，即施用试验物质 4 h 内，可观察到表皮和真皮坏死。典型的腐蚀反应具有溃疡、出血、血痂的特征，而且在 14 天观察期结束时，皮肤、完全脱发区域和结痂处由于漂白而褪色。皮肤刺激指施用试验物质达到 4 h 后对皮肤造成可逆损害的结果。

（19）严重眼损伤指将受试物施用于眼睛前部表面进行暴露接触，引起了眼部组织损伤，或出现严重的视觉衰退，且在暴露后的 21 天内尚不能完全恢复。眼刺激指将受试物施用于眼睛前部表面进行暴露接触后，眼睛发生的改变，且在暴露后的 21 天内出现的改变可完全消失，恢复正常。

（20）呼吸道致敏物指吸入后会导致呼吸道过敏的物质。皮肤致敏物指皮肤接触后会导致过敏的物质。

（21）细胞中遗传物质的数量或结构发生的永久性改变称为突变。生殖细胞致突变性指化学品引起人类生殖细胞发生可遗传给后代的突变。

（22）致癌物指可导致癌症或增加癌症发病率的物质或混合物，分为已知或假定的人类致癌物和可疑的人类致癌物两类。

（23）生殖毒性指对成年雄性和雌性的性功能和生育能力的有害影响，以及对子代的发育毒性。

（24）特异性靶器官毒性——一次接触指一次接触物质和混合物引起的特异性、非致死性靶器官毒性作用，包括所有明显的健康效应，可逆的和不可逆的、即时的和迟发的功能损害。

（25）特异性靶器官毒性——反复接触指反复接触物质和混合物引起的特异性、非致死性的靶器官毒性作用，包括所有明显的健康效应，可逆的和不可逆的、即时的和迟发的功能损害。

（26）吸入危害指液态或固态化学品通过口腔或鼻腔直接进入或者因呕吐间

接进入气管和下呼吸道系统。

（27）对水生环境的危害分为以下几种情况。

1）急性水生毒性：可对水中短期接触该物质的生物体造成伤害，是物质本身的性质。

2）急性（短期）危害：化学品的急毒性对在水中短时间暴露的水生生物造成的危害。

3）慢性水生毒性：可对水中接触该物质的生物体造成有害影响，接触时间根据生物体的生命周期确定，是物质本身的性质。

4）长期危害：化学品的慢毒性对在水中长期暴露的水生生物造成的危害。

5）无可见效应浓度（NOEC）：试验浓度刚好低于在统计上有效的有害影响的最低测得浓度。

（28）对臭氧层的危害物包括《关于消耗臭氧层物质的蒙特利尔议定书》附件中列出的任何受管制物质，或任何混合物至少含有一种体积分数不小于0.1%的被列入《关于消耗臭氧层物质的蒙特利尔议定书》附件的组分。

2. 什么是闪点？

闪点是指在规定的试验条件下，可燃性液体表面产生的蒸气与空气形成的混合物，遇火源能够闪燃的最低温度。它是表示可燃性液体在储存、运输和使用过程中燃爆危险性的一个重要指标，同时也是可燃性液体的挥发性指标。闪点低的可燃性液体，挥发性高，容易着火，安全性较差。例如，汽油和柴油相比，汽油闪点在45 ℃以下，柴油闪点在45 ℃以上，在化工生产过程中，汽油更容易引起燃爆事故，安全性低于柴油。

闪点在危险化学品安全管理中有着重要意义。在《建筑设计防火规范（2018年版）》（GB 50016—2014）中，闪点是可燃液体生产、储存场所火灾危险性分类的重要依据；在《石油化工企业设计防火标准（2018年版）》（GB 50160—2008）中，闪点是甲、乙、丙类危险液体火灾危险性等级分类的依据。

3. 什么是着火点？

可燃物质在空气充足的条件下，当达到一定温度时与火源接触后即着火，移去火源后仍能持续燃烧 5 min 以上，这种现象叫点燃。点燃的最低温度称为着火点。可燃液体的着火点一般高于闪点 5~20 ℃。但闪点在 100 ℃ 以下时，两者往往相同。在没有闪点数据的情况下，也可以用着火点表征物质的火灾爆炸危险程度。

4. 什么是最小引燃能?

最小引燃能是初始燃烧所需要的最小能量。所有可燃性物质（包括粉尘）都有最小引燃能。最小引燃能依赖于特定的化学物质或混合物的浓度、压力和温度。试验数据表明，最小引燃能随着压力的增加而降低。一般情况下，粉尘的最小引燃能在能量等级上比可燃气体高。氮气浓度的增加导致最小引燃能增大。

许多碳氢化合物的最小引燃能大约为 22 mJ。这与引燃源相比是很低的。例如，在地毯上行走引发的静电放电的能量为 22 mJ，通常的火花塞所释放的能量为 25 mJ。流体流动所引起的静电放电也具有超出可燃物质最小引燃能的能量等级，也能够提供引燃源，导致爆炸。因此，静电往往是引发火灾的主要原因。

5. 什么是自燃点?

自燃点是指可燃物质在助燃性气体中加热而没有外来火源（常温中自行发热或由于物质内部反应过程所提供的热量积聚起来）的条件下起火燃烧的最低温度。例如，在处理含有硫化氢物料的设备时，硫化氢腐蚀生成硫化亚铁，硫化亚铁与空气发生反应放热，迅速自燃。再如，油脂类浸到木屑、棉纱等物质中，会形成很大的氧化表面积，发生自燃。

自燃点是评定可燃物火灾爆炸危险的主要安全数据，是可燃物储存、运输和使用的一个安全指标。自燃点越低，可燃物质发生自燃火灾的危险性就越大。

自燃点在危险化学品安全管理中有着重要意义。例如，根据《石油化工企业设计防火标准（2018 年版）》（GB 50160—2008）第 5.3.2 条规定，在进行装置规划时，若操作温度等于或高于自燃点的可燃液体泵上方布置操作温度低于自燃点的甲、乙、丙类可燃液体设备时，封闭式楼板应为不燃材料无泄漏楼板。此项安全措施是为了防止危险化学品由于自燃发生起火爆炸事故。若在操作温度等于或高于自燃点的可燃液体泵上方布置操作温度低于自燃点的甲、乙、丙类可燃液体设备，可燃液体一旦泄漏落到下方操作温度等于或高于自燃点的泵上，就可能被引燃。再如，有些遇水放出易燃气体的物质（如碳金属、硼氢化合物），放置于空气中即可以自燃，有的（如钾）遇水能生成可燃气体放出热量而具有自燃性。因此，这类物质的储存必须与水及潮气隔离。

总之，无论是受热燃烧还是自热燃烧，都是由于热量的积累导致可燃物的温度升高而自燃。因此，防止自燃的关键是防止热量积聚。

6. 什么是沸点？

沸腾是在一定温度下液体内部和表面同时发生的剧烈汽化现象。沸点是液体沸腾时的温度，也就是液体的饱和蒸气压与外界压强相等时的温度。液体浓度越高，沸点越高。液体的沸点和外部压强有关，当液体所受的压强增大时，它的沸点升高；压强减小时，沸点降低。

沸点在危险化学品安全管理中有着重要意义。例如，《石油化工企业设计防火标准（2018 年版）》（GB 50160—2008）第 6.2.3 条规定，储存沸点低于 45 ℃的甲$_B$类液体宜选用压力或低压储罐，这是为了防止液体沸腾发生危险。储存沸点低于 45 ℃的甲$_B$类液体，一般情况下，其储存温度下的饱和蒸气压高于或等于88 kPa，除了采用压力储罐储存外，还可以采用冷冻式储罐储存或采用低压固定顶罐储存。

7. 什么是凝固点？

凝固点是晶体物质凝固时的温度，不同晶体的凝固点不同。在一定压强下，任何晶体的凝固点与其熔点相同。同一种晶体，凝固点与压强有关。晶体凝固点随压强的变化有两种不同的情况：对于大多数物质，熔化过程是体积变大的过程，当压强升高时，这些物质的熔点要升高；对于像水这样的物质，与大多数物质不同，冰融化成水的过程体积要缩小（金属铋、锑等也是如此），当压强升高时冰的熔点要降低。在凝固过程中，液体转变为固体，同时放出热量。因此，物质的温度高于凝固点时处于液态，低于凝固点时就处于固态。非晶体物质无凝固点。

如果液体中溶有少量其他物质或杂质，即使数量很少，物质的凝固点也会有很大的变化。例如，水中溶有盐，凝固点就会明显下降，海水就是溶有盐的水，海水冬天结冰的温度比河水低就是这个原因。所以，溶有杂质是影响凝固点的重要因素。

8. 什么是爆炸极限？

爆炸极限是指可燃物质（可燃气体、蒸气或粉尘）与空气（或氧气）必须在一定的浓度范围内混合，形成预混气，遇着火源才会发生爆炸，这个浓度范围称为爆炸极限。通常用可燃气体、蒸气或粉尘在空气中的体积分数来表示。该范围的最低浓度称为爆炸下限，最高浓度称为爆炸上限。例如，氯乙烯的爆炸极限是 3.6%~31%（体积分数），那么，氯乙烯与空气（或氧气）混合物中氯乙烯体积分数为 3.6%~31% 时，才有爆炸的危险。当氯乙烯在混合物中的体积分数小于 3.6% 时，空气所占比例很大，氯乙烯浓度不足，不会发生爆炸；当氯乙烯在混合物中的体积分数大于 31% 时，空气（或氧气）不足，也不会发生爆炸，但若此时补充空气（或氧气），是有爆炸危险的。所以，对浓度在爆炸上限以上的可燃气与空气（或氧气）混合气不能认为是安全的。

可燃性混合物的爆炸极限范围越宽、爆炸下限越低和爆炸上限越高，其爆炸危险性越大。这是因为爆炸极限越宽，则出现爆炸的可能性就越大；爆炸下限越低，则可燃物稍有泄漏就会形成爆炸条件；爆炸上限越高，则有少量空气渗入容器，就能与容器内的可燃物混合形成爆炸条件。

9. 什么是相对密度？

相对密度是指在规定的条件下，某物质的密度与参考物质的密度之比，参考物质一般是水或空气（水 = 1，空气 = 1）。例如，在同等条件下同样大小的容器中，某种气体的质量是空气的 60%，那么此种气体的相对密度是 0.6。

在化工安全生产中，可以根据某些物质的相对密度，确定灭火救援措施。例如，相对密度<1（水 = 1）的易燃和可燃液体发生火灾时，不应用水扑救，因为这类液体比水轻，会浮在水面上，用水扑救时非但扑不灭，反而会随水流散，扩大损失。相对密度>1（空气 = 1）的易燃气体和蒸气，容易扩散并与空气形成爆炸性混合物，沿地面、沟渠远距离流动，如遇明火会发生回燃。

在确定库房通风口位置时，也要依据物质与空气的相对密度，对于相对密度>1的易燃气体和蒸气，库房通风口位置应该设置在下方；对于相对密度<1的易燃气体和蒸气，库房通风口位置应该设置在上方。

二、典型危险化学品危险特性

1. 危险化学品主要危险特性有哪些？

不同危险化学品的危险特性各有特点，同一化学品在不同条件下的危险特性也有变化。

（1）爆炸物的危险特性。爆炸物具有化学不稳定性，在一定的作用下能以极快的速度发生猛烈的化学反应，产生的大量气体和热量在短时间内无法逸散，致使周围的温度迅速上升和产生巨大的压力而引起爆炸。爆炸需要外界供给一定的能量，即起爆能。不同的爆炸物的起爆能不同。

爆炸物还有殉爆危险特性。当炸药爆炸时，能引起位于一定距离之外的炸药也发生爆炸，这种现象称为殉爆。殉爆发生的原因是冲击波的传播作用，距离越近，冲击波强度越大。

（2）气体类化学品的危险特性。气体类化学品包括易燃气体、易燃气溶胶、氧化性气体、加压气体4类。

硫化氢、氯气、一氧化碳、氮气等气体具有毒性、窒息性，不仅可引起人畜中毒、窒息，还会使皮肤、呼吸道黏膜等受到严重刺激和灼伤而危及生命。当大量压缩或液化气体及其燃烧后的直接生成物扩散到空气中时，空气中氧的含量降低，人也会因缺氧而窒息。

气体无固定的形状和体积，泄漏后在空气中能够很快扩散，易燃气体遇火源能燃烧，与空气混合到一定浓度会发生爆炸。爆炸下限越低或爆炸范围越宽，爆炸危险性越大。比空气重的气体，往往沿地面扩散，并聚集在房间死角中或低洼处，长时间积聚不散，燃烧、爆炸危险性很大；毒性气体容易造成大面积人员中毒。

有些气体的化学性质很活泼，可与很多物质发生反应。例如，乙炔、乙烯与氯气混合遇日光会发生爆炸；液态氧与有机物接触能发生爆炸；压缩氧与油脂接触能发生自燃。氧化性气体具有助燃作用，在火场中能增大火势，同时使一些不易燃烧的物质容易燃烧，加剧燃烧。

当危险化学品受热、撞击或强烈振动时，盛装化学品的容器内压会急剧升高，致使容器破裂爆炸，或导致气瓶阀门松动漏气，酿成火灾或中毒事故。

（3）易燃液体的危险特性。易燃液体具有高度的易燃易爆性和一定的毒害性。

易燃液体通常容易挥发，闪点和燃点较低，其蒸气与空气易形成爆炸性混合物，遇火源、火花容易发生燃烧或爆炸。有些液体蒸气的密度比空气大，容易聚集在低洼处，不易扩散，更增加了着火、爆炸的危险。易燃液体闪点越低，着火危险性越大。

易燃液体的黏度都很小，容易流淌，还因渗透、浸润及毛细现象等作用扩大其表面积，加快挥发速率，使空气中的蒸气浓度增大，增加了燃烧爆炸的危险。

易燃液体电阻率较大，在受到摩擦、振动或流速较高时极易产生静电，聚集到一定程度，就会因放电产生电火花而引起燃烧爆炸事故。一般情况下，电阻率大于 $10^{10}\ \Omega\cdot m$ 时，如石油产品，会有显著的静电危害，必须采取防静电措施。

一些易燃液体的热膨胀系数较大，容易膨胀，同时受热后蒸气压也较高，从而使密闭容器内的压力升高。当容器内压力超过容器能承受的压力时，容器就会发生爆裂甚至爆炸。因此，易燃液体在灌装时，容器内要留有5%以上的空间。

绝大多数易燃液体及其蒸气具有一定的毒性，食入、通过皮肤接触或经呼吸道进入人体，会导致人员中毒，甚至死亡。

（4）易燃固体的危险特性。易燃固体的熔点、燃点、自燃点以及分解温度较低，受热容易熔融、分解或气化。在能量较小的热源和撞击下，其易达到燃点而着火，燃烧速度也较快。如红磷，在常温下只要有能量很小的着火源与之作用即能燃烧。

固体具有可分散性与可氧化性。物质的颗粒越细，其表面积越大，分散性就越强，氧化作用也就越容易，燃烧也就越快，爆炸危险性则越强。当固体粒径小于0.01 mm时，可悬浮于空气中，能与空气中的氧气发生氧化作用。易燃固体与氧化剂接触能发生剧烈反应而引起燃烧或爆炸。例如，红磷与氯酸钾接触、硫黄粉与氯酸钾或过氧化钠接触就会立即发生燃烧或爆炸。

某些易燃固体具有热分解性，其受热后不熔融，而是发生分解。热分解的温度高低直接影响危险性的大小，受热分解温度越低的物质，其火灾爆炸危险性就越大。很多易燃固体本身具有毒害性，或燃烧后能产生有毒的物质，如二硝基苯酚、硫黄、五硫化二磷。

（5）自燃、自热、自反应物质的危险特性。由于化学性质非常活泼，这类物质具有极强的还原性，接触空气后能迅速与空气中的氧化合，并产生大量的热，达到其自燃点而着火，如黄磷、硫化亚铁、烷基铝等。这类物质多为含有较多不饱和双键的化合物，遇氧或氧化剂容易发生氧化反应，并放出热量。如果通风不良，热量聚集不散，致使温度升高，又会加快氧化反应速率，产生更多的热量，又导致温度升高，最终会因积热达到自燃点而引起自燃。

有些物质受热易分解并放出热量，由于热量不能及时扩散而导致物质温度升高，最后发生剧烈分解。有的物质会由于分解放热，温度达到自燃点而着火，如赛璐珞、硝化棉及其制品等。

（6）遇水放出易燃气体物质的危险特性。这类物质遇水后发生剧烈反应，产生大量易燃气体并放出大量热量。当易燃气体遇明火或由于反应放出的热量达到自燃温度时，就会发生着火爆炸，如金属钠、金属钾等。有些物质不仅遇水易燃，而且在潮湿空气中能自燃，在高温下反应会更加强烈，放出易燃气体和热量而导致火灾。放出易燃气体的物质大都有很强的还原性，当遇到氧化剂或酸时反应会更加剧烈。有些遇水放出易燃气体的物质如钠汞齐、钾汞齐等本身具有毒性，有些遇湿后还可放出有毒气体。

（7）氧化性物质的危险特性。由于其强氧化性具有助燃作用，这类物质在火场中能增大火势而使燃烧加剧，导致事态扩大。这类物质与易燃、可燃物混合，极易形成危险的产物，有的立即着火甚至爆炸，有的对撞击、摩擦敏感，遇火源、受撞击、摩擦时极易引起燃烧或爆炸，如黑火药、氯酸钾与硫黄的混合物等。

有些氧化性物质，如硝酸盐、氯酸盐等，受热或受摩擦、撞击等作用时，极易分解并放出大量热量，此时如遇易燃、可燃物特别是粉末状物质，则会发生剧烈的化学反应而引起燃烧，甚至爆炸。有些氧化性物质具有一定的毒性和腐蚀性，能毒害人体，腐蚀烧伤皮肤。

（8）有机过氧化物的危险特性。这类物质具有分解爆炸性。由于含有极不稳定的过氧基，对热、振动、撞击和摩擦都极为敏感，极易发生分解、爆炸。许多有机过氧化物易燃，且燃烧迅速而猛烈。过氧化环己酮、叔丁基过氧化氢、过氧化二乙酰等有机过氧化物，对眼睛有伤害作用。

（9）金属腐蚀物的危险特性。金属腐蚀物具有强烈的腐蚀性、氧化性和毒害性。人体直接接触这些物品后，会引起表面灼伤或发生破坏性创伤，特别是接触氢氟酸时，能发生剧痛，使组织坏死，若不及时治疗，会导致严重的后果。当人们吸入腐蚀物挥发出的蒸气或飞扬到空气中的粉尘时，会造成呼吸道黏膜损伤，引起咳嗽、呕吐、头痛等。

腐蚀物能夺取有机物中的水分，破坏其组织成分并使之炭化。在腐蚀性物品中，无论是酸还是碱，对金属均能产生不同程度的腐蚀作用而导致设备失效。浓硫酸、硝酸、氯磺酸等都是氧化性很强的物质，与还原剂接触易发生强烈的氧化还原反应，放出大量热量。多数腐蚀物具有不同程度的毒性，如发烟氢氟酸、发烟硫酸等，吸入其烟雾，对人体毒害性极大。

2. 氯的危险特性有哪些？

氯在常温常压下为黄绿色、有刺激性气味的有毒气体，相对蒸气密度（空气＝1）为2.5，相对密度（水＝1）为1.41（20 ℃），加压液化或冷冻液化后为黄绿色油状液体。其危险特性主要体现在以下三个方面。

（1）剧毒。氯是一种强烈的刺激性气体，能通过口、鼻、皮肤侵入人体造成中毒，重者发生肺泡性水肿、急性呼吸窘迫综合征、严重窒息、昏迷或休克，可出现气胸、纵隔气肿等并发症。吸入高浓度气体可致死。氯气泄漏时对周边公众的主要风险是造成人员中毒，公众被迫疏散转移。

（2）助燃。氯气本身不燃，具有助燃性，易扩散，一般可燃物都能在氯气中燃烧，一般易燃气体或蒸气也都能与氯气形成爆炸性混合物。包装容器受热有爆炸的危险。

（3）强氧化性。氯是很活泼的元素，是一种强氧化剂，与水反应生成有毒的次氯酸和盐酸。与氢氧化钠、氢氧化钾等碱反应生成次氯酸盐和氯化物。液氯与可燃物、还原剂接触会发生剧烈反应。与汽油等石油产品、烃、氨、醚、松节油、醇、乙炔、二硫化碳、氢气、金属粉末和磷接触能形成爆炸性混合物。

3. 氨的危险特性有哪些？

氨在常温常压下为无色气体，有强烈刺激性气味。一般以液态形式储存在耐压钢瓶中，液氨在温度变化时，体积变化的系数很大。氨相对蒸气密度（空气 = 1）为 0.59，相对密度（水 = 1）为 0.7（－33 ℃），爆炸极限为 15% ~ 30.2%（体积分数）。其危险特性主要体现在以下三个方面。

（1）有毒。对眼、呼吸道黏膜有强烈刺激和腐蚀作用。急性氨中毒可引起眼和呼吸道刺激性症状、支气管炎或支气管周围炎、肺炎。重度中毒者可发生中毒性肺水肿。高浓度氨可引起反射性呼吸和心搏停止。

（2）极易燃。氨气与空气或氧气混合能形成爆炸性混合物，遇明火、高热会引起燃烧或爆炸。

（3）引起冻伤。若液氨容器阀门损坏或者容器破裂发生泄漏，液氨会迅速气化，吸收大量的热，使环境温度迅速降低，可导致事故现场人员发生冻伤。

4. 硫化氢的危险特性有哪些？

硫化氢在常温常压下为无色气体，低浓度时有臭鸡蛋味，高浓度时使嗅觉迟钝。硫化氢相对密度（水 = 1）为 1.539，相对蒸气密度（空气 = 1）为 1.19，闪点为－60 ℃，爆炸极限为 4.0% ~ 46.0%（体积分数）。其危险特性主要体现在以下两个方面。

（1）强烈的神经毒物。高浓度吸入可发生猝死，应谨慎进入工业下水道（井）、污水井、取样点、化粪池、密闭容器，以及下敞开式、半敞开式坑、槽、罐、沟等危险场所。

（2）极易燃。与空气混合能形成爆炸性混合物，遇明火、高热会引起燃烧爆炸。硫化氢气体比空气重，能在较低处扩散到相当远的地方，遇火源会着火回燃。

5. 液化石油气的危险特性有哪些?

液化石油气是在石油加工过程中得到的物质,主要组分为丙烷、丙烯、丁烷、丁烯,并含有少量戊烷、戊烯和微量硫化氢等杂质。液化石油气闪点为−80～−60 ℃,相对密度(水＝1)为 0.5～0.6,相对蒸气密度(空气＝1)为 1.5～2.0,爆炸极限为 5%～33%(体积分数)。其危险特性主要体现在以下三个方面。

(1)极易燃易爆。液化石油气爆炸极限较宽,与空气混合能形成爆炸性混合物,遇热源或明火有燃烧爆炸危险,爆炸速度快,爆炸威力大,破坏性强。液化石油气比空气重,能在较低处(坑、沟、下水道等)扩散到相当远的地方,遇点火源会着火回燃。

(2)有毒。高浓度的液化石油气被人大量吸入体内,就会引发中毒,主要损伤中枢神经系统。

(3)引起冻伤。若储存液化石油气的设备、容器、管线、钢瓶、储罐等破裂,大量液化石油气喷出,由液态急剧减压变为气态,会大量吸热,结霜冻冰。如果喷到人的身上,会引起冻伤。

6. 丁二烯的危险特性有哪些?

丁二烯通常指 1,3-丁二烯,在常温常压下为无色气体,有芳香味,易液化。丁二烯相对密度(水＝1)为 0.6,相对蒸气密度(空气＝1)为 1.87,闪点为−76 ℃,爆炸极限为 1.4%～16.3%(体积分数)。其危险特性主要体现在以下三个方面。

(1)极易燃易爆。丁二烯与空气混合能形成爆炸性混合物,接触热、点火源或氧化剂易发生燃烧爆炸。其比空气重,能在较低处扩散到相当远的地方,遇火源会着火回燃。

(2)丁二烯极易与氧发生氧化反应,自聚生成活泼的过氧化自聚物。实验显示,丁二烯气相氧含量>1.2%时会反应生成爆炸性过氧化自聚物。过氧化自聚物受撞击或受热时会急剧分解自燃引起爆炸,同时分解产生活性自由基。

(3)丁二烯过氧化自聚物在高温或在 Fe^{2+} 等催化性金属离子催化下可断裂成

活性自由基，活性自由基与丁二烯分子再次发生聚合，形成端基聚合物，使聚合物分子快速增大，体积急剧膨胀，堵塞管线设备，最终导致设备胀裂。

7. 环氧乙烷的危险特性有哪些？

环氧乙烷在常温常压下为无色气体，低温时为无色易流动液体。环氧乙烷相对密度（水=1）为0.87，相对蒸气密度（空气=1）为1.5，闪点小于-18 ℃，爆炸极限为3.0%~100%（体积分数）。其危险特性主要体现在以下三个方面。

（1）极易燃易爆。环氧乙烷蒸气能与空气形成范围广阔的爆炸性混合物，遇高热和明火有燃烧爆炸危险。其比空气重，能在较低处扩散到相当远的地方，遇点火源会着火回燃和爆炸。环氧乙烷与空气的混合物快速压缩时，易发生爆炸。

（2）可致中枢神经系统、呼吸系统损害，重者引起昏迷和肺水肿。可致心肌损害和肝损害。可致皮肤损害和眼灼伤。

（3）致癌物。

8. 氯乙烯的危险特性有哪些？

氯乙烯在常温常压下为无色、有醚样气味的气体，相对密度（水=1）为0.91，相对蒸气密度（空气=1）为2.2，闪点为-78 ℃，爆炸极限为3.6%~31.0%（体积分数）。其危险特性主要体现在以下三个方面。

（1）极易燃易爆。氯乙烯与空气混合能形成爆炸性混合物，遇明火和热源有燃烧爆炸的危险。其比空气重，能在较低处扩散到相当远的地方，遇点火源会着火回燃。

（2）可经呼吸道进入人体内，液体污染皮肤也可经皮肤吸收进入人体。可致肝血管肉瘤。

（3）致癌物。

9. 原油的危险特性有哪些？

原油即石油，是一种黏稠的、深褐色（有时有点绿色）的流动或半流动的液体，略轻于水。它由不同的碳氢化合物混合而成，其主要组分是烷烃，还含有硫、氧、氮、磷、钒等元素。其危险特性主要体现在以下两个方面。

（1）易燃易爆。原油蒸气可与空气形成爆炸性混合物，遇明火或热源有燃烧或爆炸危险。油品流散可能扩大燃烧面积，如果发生沸溢或者喷溅，会扩大火势造成大面积火灾。

（2）低毒。原油蒸气、伴生气一般属于微毒、低毒类物质，对人体健康危害最典型的是苯及其衍生物，长期接触含苯的新鲜石油可引发白血病。

10. 汽油、石脑油的危险特性有哪些？

汽油在常温常压下为无色至淡黄色、具有典型石油烃气味的透明液体。依据《车用汽油》（GB 17930—2016）生产的车用汽油，相对密度（水＝1）为0.70～0.80，相对蒸气密度（空气＝1）为3～4，闪点约为−46 ℃，爆炸极限为1.4%～7.6%（体积分数）。石脑油主要成分为 C4～C6 的烷烃，相对密度（水＝1）为0.78～0.97，闪点为−2 ℃，爆炸极限为1.1%～8.7%（体积分数）。

汽油和石脑油的危险特性主要体现在燃烧和爆炸危险性上。高度易燃，蒸气与空气能形成爆炸性混合物，遇明火、高热能引起燃烧或爆炸；高速冲击、流动、激荡后可因产生静电火花放电引起燃烧或爆炸；蒸气比空气重，能在较低处扩散到相当远的地方，遇点火源会着火回燃和爆炸。

11. 苯的危险特性有哪些？

苯在常温常压下为无色透明液体，有强烈芳香味。苯的相对密度（水＝1）为0.88，相对蒸气密度（空气＝1）为2.77，闪点为−11 ℃，爆炸极限为1.2%～8.0%（体积分数）。其危险特性主要体现在以下三个方面。

（1）高度易燃。苯蒸气与空气能形成爆炸性混合物，遇明火、高热会引起燃烧爆炸。苯蒸气比空气重，能在较低处扩散到相当远的地方，遇点火源会着火回燃和爆炸。

（2）有毒。高浓度苯对中枢神经系统有麻醉作用，会引起急性中毒；长期接触苯对造血系统有损害，会引起白细胞和血小板减少，重者导致再生障碍性贫血。可引起白血病。具有生殖毒性。

（3）致癌物。

12. 硝酸铵的危险特性有哪些？

硝酸铵是无色无臭的透明结晶或呈白色的小颗粒，有潮解性，熔点为169.6 ℃，沸点为 210 ℃（分解），相对密度（水 = 1）为 1.72。其危险特性主要体现在以下两个方面。

（1）助燃。硝酸铵与易（可）燃物混合或急剧加热会发生爆炸。受强烈振动也会起爆。

（2）强氧化性。硝酸铵是强氧化剂，与还原剂、有机物、易燃物（如硫、磷或金属粉末）等混合可形成爆炸性混合物。

13. 电石的危险特性有哪些？

电石的化学名称为碳化钙，是一种无色晶体。工业电石为黑色块状固体，断面为紫色或灰色。其危险特性主要体现在以下两个方面。

（1）遇湿易燃。碳化钙本身稳定，但遇湿易燃，与水、醇类、酸类等禁配物接触会生成高度易燃易爆的乙炔，有发生火灾和爆炸的危险。

（2）有毒。电石会损害皮肤，引起皮肤瘙痒、炎症、"鸟眼"样溃疡、黑皮病。

14. 硝基苯的危险特性有哪些？

硝基苯在常温常压下为淡黄色透明油状液体，有苦杏仁味。硝基苯的相对密度（水 = 1）为 1.20，相对蒸气密度（空气 = 1）为 4.25，闪点为 87.7 ℃。其危险特性主要体现在以下三个方面。

（1）遇明火、高热可燃烧爆炸。

（2）经呼吸道和皮肤吸收可致高铁血红蛋白血症，可引起溶血及肝损害。

（3）致癌物。

❓ 思考题

1. 危险化学品的危险特性受哪些因素影响？

2. 如何根据危险化学品的危险特性，制定重大危险源安全管理措施？

3. 在进行重大危险源事故应急处置时，应重点关注危险化学品的哪些特性？

第三节　重大危险源风险知识

一、重大危险源的风险认知

1. 如何正确认识安全与风险的关系？

有什么样的安全观或安全理念，就有什么样的安全意识；有什么样的安全意识，就有什么样的安全行为；有什么样的安全行为，就有什么样的安全结果。安全理念不同，其安全结果也会不同，只有秉持积极的、正确的安全理念，才能够获得期望的安全结果。

根据系统安全工程的观点，危险是指系统中发生不期望后果的可能性超过了人们的承受程度。换个角度讲，安全即为风险可接受的状态，而危险就是风险不可接受的状态。

系统工程中的安全概念认为，世界上没有绝对安全的事物，任何事物中都包含有不安全因素，具有一定的危险性。安全是一个相对的概念，危险性是对安全性的隶属度；当危险性低于某种程度时，人们就认为是安全的。

一般用风险来表示危险的程度。在安全生产管理中，风险用生产系统中事故发生的可能性与严重性的结合给出，即

$$R = f(F, \ C) \tag{1-3}$$

式中　R——风险；

　　　F——事故发生的可能性；

　　　C——事故发生的严重性。

从式 1-3 可以看出，由于物质的存在，风险的存在是绝对的；但是由于可能

性和严重性的变化，导致安全是相对的。从广义来说，风险可分为自然风险、社会风险、经济风险、技术风险和健康风险 5 类；对于安全生产的日常管理来说，风险可分为人、机、环境、管理 4 类。

2. 系统安全理论对重大危险源的风险管理有什么指导意义?

系统安全是指在系统寿命周期内应用系统安全管理及系统安全工程原理，识别危险源并使其危险性减至最小，从而使系统在规定的性能、时间和成本范围内达到最佳的安全程度。系统安全的基本原则是在一个新系统的构思阶段就必须考虑其安全性的问题，制定并开始执行安全工作，规划系统安全活动，并且把系统安全活动贯穿于系统寿命周期，直到系统报废为止。

根据系统安全理论，可以得出以下观点。

(1) 在事故致因理论方面，改变了人们只注重操作人员的不安全行为而忽略物的故障在事故致因中作用的传统观念，开始考虑如何通过改善物的可靠性来提高复杂系统的安全性，从而避免事故。因此在重大危险源的管理中，既要关注从业人员在重大危险源装置生产运行过程中的操作规范性，又要注意重大危险源装置本质安全水平的改善。即在设计阶段关注本质安全，通过更加科学、合理的设计，从装置运行的本质安全方面入手，提高后期运行水平。

(2) 没有任何一种事物是绝对安全的，任何事物中都潜伏着危险因素。通常所说的安全或危险只不过是一种主观的判断。能够造成事故的潜在危险因素称为危险源，来自某种危险源的造成人员伤害或物质损失的可能性称为危险。危险源是一些可能出问题的事物或环境因素，而危险表征潜在的危险源造成伤害或损失的机会，可以用概率来衡量，重大危险源装置便是如此。由于重大危险源中危险化学品超过临界量，因此任何重大危险源均具有足够的条件导致事故的发生。

(3) 由于人的认识能力有限，有时不能完全认识危险源和危险，即使认识了现有的危险源，随着技术的进步又会产生新的危险源。受技术、资金、劳动力等因素的限制，对于认识了的危险源也不可能完全根除，因此，只能把危险降低到可接受的程度，即可接受的危险。安全工作的目标就是控制危险源，努力把事故发生概率降到最低，万一发生事故，把伤害和损失控制在最低程度上。在针对重大危险源的一系列管理中，定量风险评价就是这样一种运用底线思维开展风险评价的工作。同时，针对重大危险源，可编制各类应急预案，应急预案中应涵盖可能发生的事故类型和不同事故规模造成的影响。在此基础上，不断通过强化保护层的作用来弥补可能出现的管理、技术、人员方面的漏洞，以持续改进的逻辑不断加强对未知部分的掌控以控制不可知的风险。

二、危险化学品燃烧、爆炸风险

1. 什么是燃烧？哪些因素可以影响燃烧？

燃烧是可燃物质与助燃物质（氧或其他助燃物质）发生的一种发光发热的氧化反应。应注意，氧化反应并不限于同氧的反应。例如，氢在氯中燃烧生成氯化氢。类似地，金属钠在氯气中燃烧，炽热的铁在氯气中燃烧，都是激烈的氧化反应，并伴有光和热的发生。金属和酸反应生成盐也是氧化反应，但没有同时发光发热，所以不能称为燃烧。因此，燃烧一定伴随发光发热，只有同时发光发热的氧化反应才被界定为燃烧。

燃烧的物质可以是固体、液体或气体，但是燃烧大多数发生在气相，在燃烧发生之前，液体挥发为蒸气，固体分解放出蒸气。

可燃物质、助燃物质和点火源是可燃物质燃烧的三个基本要素，是发生燃烧的必要条件。三个要素中缺少任何一个，燃烧便不会发生。对于正在进行的燃烧，只要充分控制三个要素中的任何一个，燃烧就会终止。

应该注意，有时虽然具备了这三个条件，燃烧也不一定发生。这是因为燃烧还必须有充分的条件，只有当可燃物与助燃物达到一定的比例，且点火能量足够时才能引起燃烧。它为燃烧的控制指出了明确的方向。

在重大危险源场所，常见的可燃物有：气体，如天然气、氯乙烯、丙烯、乙烯、乙炔、丙烷、一氧化碳、氢气等；液体，如汽油、甲苯、甲醇、乙醇、丙酮、戊烷、原油等；固体，如金属钠等。

常见的氧化剂有：气体，如氧气、氟气、氯气等；液体，如过氧化氢、硝酸、高氯酸、浓硫酸等；固体，如高锰酸钾、过氧化钠、超氧化钾等。

常见的点火源有：电火花、明火、高温热表面、静电放电、摩擦火花等。

2. 什么是爆炸？根据不同特点爆炸可以分为几类？

（1）爆炸是物质发生急剧的物理、化学变化，由一种状态迅速转变为另一种状态，并在瞬间释放出巨大能量的现象。一般来说，爆炸现象具有以下特征。

1）爆炸过程进行得很快。

2）爆炸点附近压力急剧升高，产生冲击波。

3）发出或大或小的响声。

4）周围介质发生振动或邻近物质遭受破坏。

爆炸是非常复杂的过程，影响爆炸的参数有环境压力、爆炸物质的组成、爆炸物质的物理性质、引燃源特性（类型、能量和持续时间）、周围环境的几何尺寸（受限或非受限）、可燃物质的数量、可燃物质的扰动、引燃延滞时间、可燃物质泄漏的速率等。爆炸一般都会造成极强的破坏和巨大的伤亡。

（2）根据爆炸特性，可以将爆炸分为不同类型。

1）按爆炸的性质分类

①物理爆炸。物理爆炸是指物质的物理状态发生急剧变化而引起的爆炸。如蒸汽锅炉，盛装压缩气体、液化气体的容器超压等引起的爆炸，都属于物理爆炸。物质的化学成分和化学性质在物理爆炸后均不发生变化。

②化学爆炸。化学爆炸是指物质发生急剧化学反应，产生高温高压而引起的爆炸。物质的化学成分和化学性质在化学爆炸后均发生了质的变化。化学爆炸又可以进一步分为爆炸物分解爆炸、爆炸物与空气的混合爆炸两种类型。

爆炸物分解爆炸是爆炸物在爆炸时分解为较小的分子或其组成元素。爆炸物的组成元素中如果没有氧元素，爆炸时则不会有燃烧反应发生，爆炸所需要的热量是由爆炸物本身分解产生的。属于这一类物质的有叠氮铅、乙炔银、乙炔铜、碘化氮、氯化氮等。爆炸物质中如果含有氧元素，爆炸时则往往伴有燃烧现象发生。各种氮或氯的氧化物、苦味酸即属于这一类型。爆炸性气体、蒸气或粉尘与空气的混合物爆炸，需要具备一定的条件，如爆炸物的含量、氧气含量以及激发能源等。因此其危险性较分解爆炸低，但这类爆炸更普遍，所造成的危害也较大。

2）按爆炸速度分类

①轻爆。爆炸传播速度在每秒零点几米至数米的爆炸过程。

②爆炸。爆炸传播速度在每秒10米至数百米的爆炸过程。

③爆轰。爆炸传播速度在每秒1千米至数千米的爆炸过程。

3）按爆炸反应物质分类

①纯组元可燃气体热分解爆炸。纯组元气体由于分解反应产生大量的热而引起的爆炸。

②可燃气体混合物爆炸。可燃气体或可燃液体蒸气与助燃气体如空气，按一定比例混合，在点火源的作用下引起的爆炸。

③可燃粉尘爆炸。可燃固体的微细粉尘，以一定浓度呈悬浮状态分散在空气等助燃气体中，在点火源作用下引起的爆炸。

④可燃液体雾滴爆炸。可燃液体在空气中被喷成雾状剧烈燃烧时引起的爆炸。

⑤可燃蒸气云爆炸。可燃蒸气云产生于设备蒸气泄漏喷出后所形成的滞留状态。密度比空气小的气体浮于上方，反之则沉于地面，滞留于低洼处。气体随风飘移形成连续气流，与空气混合达到其爆炸极限时，在引火源作用下即可引起爆炸。

爆炸在重大危险源装置中一般是以突发或偶发事件的形式出现的，而且往往伴随火灾发生，同时极易对原有重大危险源安全设施构成损坏，进而造成更加严重的事故后果。

（3）典型的爆炸类型

1）蒸气云爆炸（VCE）。化学过程工业中，大多数危险和破坏性的爆炸是蒸气云爆炸。VCE的发生过程是：

①大量的可燃蒸气突然释放出来（当装有过热液体和受压液体的容器破裂时就会发生）。

②蒸气扩散遍及一个区域，同时与空气混合。

③产生的蒸气云被点燃。

任何涉及大量液化气体、挥发性过热液体或高压气体的过程都被认为是 VCE 发生的潜在源。

VCE 事故很难表述，主要是因为需要大量的参数。影响 VCE 特性的一些参数包括释放物质的量、物质蒸发百分比、蒸气云点燃的可能性、点燃前蒸气云迁移的距离、蒸气云点燃前的延迟时间、发生爆炸（而不是火灾）的可能性、临界物质量、爆炸效率和点火源相对于释放处的位置。

从安全的角度来说，防止 VCE 发生的最好方法就是阻止物质的释放。不论安装了何种安全系统来防止点燃的发生，巨大的可燃物质蒸气云都是很危险的，并且几乎是不可控制的。预防 VCE 的方法包括：保持较少的易挥发可燃物质的储存量；如果容器或管线破裂，则采用使闪蒸最小化的工艺条件，使用分析仪器检测低浓度的泄漏；安装自动切断阀，以便在泄漏或释放发生并处于发展的初始阶段及时关闭系统。

2）沸腾液体扩展蒸气云爆炸（BLEVE）。沸腾液体扩展蒸气云爆炸是一种能导致大量物质释放的特殊事故类型。当储存有温度高于大气压下沸点的液体储罐破裂时，就会发生 BLEVE，导致储罐内的大部分物质发生爆炸性蒸发；如果物质是可燃的，就可能进而发生蒸气云爆炸；如果物质有毒，则大面积区域将遭受毒物的影响。对于任何一种情况，BLEVE 过程所释放的能量都能导致巨大的破坏。

通常 BLEVE 是由火灾引起的，发生过程如下：

①火灾发展到邻近装有液化气体的储罐。

②火灾加热储罐壁。

③液面以下储罐壁的热量被液体带走，液体气化，液体温度和储罐内的压力增加。

④如果火焰抵达仅有蒸气而没有液体的储罐壁面或顶部，热量将不能被转移走，储罐罐壁材料的温度上升，直至储罐失去其结构强度。

⑤储罐破裂，内部液体迅速蒸发。

由于热量作用改变了容器原有强度等因素，容器很可能在低于设计压力的情况下失效。

如果液体是可燃的，并且火灾是导致事故的起因，那么当储罐破裂时，储罐内原有的液体将迅速气化同时被点燃，此时的储罐破裂是物理爆炸，爆炸能量主要来自高压物料的瞬间膨胀和储罐材质的破裂；但当气化后的可燃物被点燃后，同时又发生燃烧进而形成化学爆炸，这也是此类事故极易造成严重后果的主要原因。

三、工艺风险分析与控制

生产装置的工艺风险应如何控制？

危险化工工艺所涉及的原料、中间物料、催化剂、产品等，大多具有易燃易爆、有毒、反应活性高、稳定性差等危险特点，并且操作过程中普遍存在高温、高压、真空等苛刻工艺条件。随着石化装置的大型化，单套装置能量更加集中，大量高能量危险化学品被约束在高温、高压、密闭的承压管道容器、反应器中，火灾、爆炸事故风险大大增加。然而化工企业在追求经济效益的同时，往往容易忽略风险控制，导致化工安全事故频繁发生。为提高化工装置的本质安全化水平，2009—2013 年国家安全生产监督管理总局先后发布了光气化、电解（氯碱）、偶氮化等 18 种重点监管危险化工工艺的安全控制要求、重点监控参数及推荐的控制方案，以促进化工企业安全生产条件进一步改善，确保化工装置安全稳定运行。

但是需要看到的是，近年化工安全事故依然多发的一个重要原因是化工工艺安全方面的研究不足，对关键危险因素认识不足，未充分掌握危险反应的致灾机理及其影响因素，导致在工艺条件发生异常波动或工艺变更的情况下，采取的安全控制手段和措施不到位，安全控制系统不完善。对此，在《关于加强精细化工反应安全风险评估工作的指导意见》（安监总管三〔2017〕1 号）中明确提出，要对精细化工开展反应安全风险评估，以改进安全设施设计，完善风险控制措施，提升企业本质安全水平，有效防范事故发生。

❓ 思考题

1. 危险化学品的闪点和最小引燃能与安全生产的关系是什么？

2. 结合你所在企业的工艺设备特点，分析你所在企业可能发生的燃烧、爆炸类型有哪些？

第二章
重大危险源安全生产管理

第一节　法律法规管理要求

一、《中华人民共和国安全生产法》的管理要求

1.《中华人民共和国安全生产法》对重大危险源管理的总体要求有哪些?

重大危险源是危险化学品大量聚集的地方,具有较大的危险性,重大危险源一旦引发生产安全事故,很有可能对从业人员及相关人员的人身安全和财产造成较大的损害。生产经营单位对重大危险源应当严格管理,采取有效的防护措施,定期检查,防止生产安全事故的发生。

《中华人民共和国安全生产法》第四十条规定,生产经营单位对重大危险源应当登记建档,进行定期检测、评估、监控,并制定应急预案,告知从业人员和相关人员在紧急情况下应当采取的应急措施。生产经营单位应当按照国家有关规定将本单位重大危险源及有关安全措施、应急措施报有关地方人民政府应急管理部门和有关部门备案。

《中华人民共和国安全生产法》第一百零一条规定,生产经营单位对本单位重大危险源未登记建档,未进行定期检测、评估、监控,未制定应急预案,或者

未告知应急措施的，责令限期改正，处10万元以下的罚款；逾期未改正的，责令停产停业整顿，并处10万元以上20万元以下的罚款，对其直接负责的主管人员和其他直接责任人员处2万元以上5万元以下的罚款；构成犯罪的，依照刑法有关规定追究刑事责任。

依据以上条款的规定，生产经营单位对重大危险源的管理措施主要有以下几个方面。

（1）登记建档。登记建档是为了对重大危险源的情况有一个总体的掌握，做到心中有数，便于采取进一步的措施。危险化学品单位应当对辨识确认的重大危险源及时、逐项进行登记建档。登记建档应当注意保证档案的完整性、连贯性。

（2）定期检测、评估、监控。检测是指通过一定的技术手段，利用仪器工具对重大危险源的一些具体指标、参数进行测量。评估是指对重大危险源的各种情况进行综合分析、判断，掌握其危险程度。监控是指通过监控系统等装置、设备对重大危险源进行观察、监测、控制，防止其引发危险。检测、评估、监控是为了更好地了解和掌握重大危险源的基本情况，及时发现事故隐患，采取相应的措施，防止生产安全事故的发生。生产经营单位应当将对重大危险源的检测、评估、监控作为一项经常性的工作定期进行。检测、评估、监控应当符合有关技术标准的要求，详细记录有关情况，并出具检测、评估或者监控报告，由有关人员签字并对其结果负责。

（3）制定应急预案。应急预案是关于发生紧急情况或者生产安全事故时的应对措施、处理办法、程序等的事先安排和计划。生产经营单位应当根据本单位重大危险源的实际情况，依法制定重大危险源应急预案，建立应急救援组织或者配备应急救援人员，配备必要的防护装备及应急救援器材、设备、物资，并保障其完好和方便使用；配合地方人民政府应急管理部门制定所在地区涉及本单位的危险化学品事故应急预案。对存在吸入性有毒有害气体等重大危险源，生产经营单位应当按规定配备必要的器材和设备。生产经营单位还应当制订重大危险源事故应急预案演练计划，按要求进行事故应急预案演练。应急预案演练结束后应当对应急预案演练效果进行评估，撰写应急预案演练评估报告，分析存在的问题，对应急预案提出修订意见，并及时修订完善。

（4）告知应急措施。生产经营单位应当告知从业人员和相关人员在紧急情况下应当采取的应急措施。这是生产经营单位的一项法定义务。告知从业人员和其他可能受到影响的相关人员在紧急情况下应当采取的应急措施，有利于从业人员和相关人员对自身安全的保护，也有利于他们在紧急情况下采取正确的应急措施防止事故扩大或者减少事故损失。相关人员主要是指重大危险源发生事故时，可能受到损害的生产经营单位以外的人员，如工厂周围的居民等。

2.《中华人民共和国安全生产法》对安全风险分级管控和隐患排查治理的要求有哪些？

生产经营单位建立安全风险分级管控制度及事故隐患排查治理制度，把风险控制在隐患形成之前、把隐患消灭在事故之前，是预防和减少生产安全事故的关键举措。

《中华人民共和国安全生产法》第四十一条规定，生产经营单位应当建立安全风险分级管控制度，按照安全风险分级采取相应的管控措施。生产经营单位应当建立健全并落实生产安全事故隐患排查治理制度，采取技术、管理措施，及时发现并消除事故隐患。事故隐患排查治理情况应当如实记录，并通过职工大会或者职工代表大会、信息公示栏等方式向从业人员通报。其中，重大事故隐患排查治理情况应当及时向负有安全生产监督管理职责的部门和职工大会或者职工代表大会报告。

《中华人民共和国安全生产法》第一百零一条规定，生产经营单位未建立安全风险分级管控制度、未按照安全风险分级采取相应管控措施、未建立事故隐患排查治理制度、未按照规定报告重大事故隐患排查治理情况，存在以上情形之一的，责令限期改正，处10万元以下的罚款；逾期未改正的，责令停产停业整顿，并处10万元以上20万元以下的罚款，对其直接负责的主管人员和其他直接责任人员处2万元以上5万元以下的罚款；构成犯罪的，依照刑法有关规定追究刑事责任。

依据以上条款的规定，生产经营单位对安全风险分级管控和隐患排查治理的具体要求包括以下几个方面。

（1）建立安全风险分级管控制度，旨在防范化解重大安全风险。生产经营单位可以通过定期组织开展全过程、全方位的危害辨识、风险评估，严格落实管控措施；针对高风险工艺、高风险设备、高风险场所、高风险岗位和高风险物品等，建立分级管控制度，有效落实管控措施，防止风险演变引发事故。安全风险是指生产经营单位在生产经营活动中可能造成生产安全事故的可能性，与随之引发的人身伤害或者财产损失严重性的组合。由于生产技术的快速发展，生产经营活动呈现出日益复杂化、多样化趋势，生产经营单位应当对生产活动中各系统、各环节可能存在的安全风险进行辨识评估，对辨识评估出的安全风险采取分级管控的管理措施。

《中共中央 国务院关于推进安全生产领域改革发展的意见》提出，企业要定期开展风险评估和危害辨识。针对高危工艺、设备、物品、场所和岗位，建立分级管控制度，制定落实安全操作规程。

《关于实施遏制重特大事故工作指南构建双重预防机制的意见》对生产经营单位建立安全风险管控制度提出了进一步的要求。一是要全面开展安全风险辨识。企业要针对本企业类型和特点，制定科学的安全风险辨识程序和方法，全面开展安全风险辨识。二是要科学评定安全风险等级。企业要对辨识出的安全风险进行分类梳理，综合考虑起因物、引起事故的诱导性原因、致害物、伤害方式等，确定安全风险类别。三是要有效管控安全风险。企业要根据风险评估的结果，针对安全风险特点，从组织、制度、技术、应急等方面对安全风险进行有效管控。四是要实施安全风险公告警示。企业要建立完善的安全风险公告制度，并加强风险教育和技能培训，确保管理层和每名员工都掌握安全风险的基本情况及防范、应急措施。

（2）建立事故隐患排查治理和"双报告"制度。生产安全事故隐患是指生产经营单位违反安全生产法律、法规、规章、标准、规程和安全生产管理制度的规定，或者因其他因素在生产经营活动中存在可能导致事故发生的物的危险状态、人的不安全行为和管理上的缺陷。

事故隐患是导致事故发生的主要根源之一。根据现行标准的规定，隐患主要有三个方面：人的不安全行为、物的不安全状态和管理上的缺陷。《中共中央国务院关于推进安全生产领域改革发展的意见》提出，企业要树立"隐患就是事故"的观念，建立健全隐患排查治理制度、重大隐患治理情况向负有安全生产监督管理职责的部门和企业职工大会或职工代表大会"双报告"制度。

生产经营单位应当建立健全并落实生产安全事故隐患排查治理制度，不能把事故隐患排查制度只写在纸上、贴在墙上，要逐步建立并落实从主要负责人到从业人员的事故隐患排查责任制。生产经营单位应当为重大危险源隐患排查治理工作提供必要的资金和技术保障，定期由包保责任人组织安全生产管理人员、注册安全工程师、工程技术人员和其他相关人员开展事故隐患排查工作。对排查出的生产安全事故隐患，应当按照事故隐患的等级进行登记，建立事故隐患信息档案。对于一般事故隐患，由操作负责人立即组织整改排除；对于重大事故隐患，应由主要负责人组织制定并实施隐患治理方案。

重大事故隐患的治理方案应当包括治理的目标和任务、采取的方法和措施、经费和装备物资的落实、负责整改的机构和人员、治理的时限和要求、相应的安全措施和应急预案等内容。做到"五落实"，即整改责任人、整改措施、整改资金、整改时限和应急救援预案的落实。生产经营单位在事故隐患排查和治理过程中，应当将排查治理情况如实记录，并通过职工大会或者职工代表大会、信息公示栏等方式向从业人员通报，确保从业人员的知情权。

（3）建立重大事故隐患督办制度。重大事故隐患危害较大、整改难度大，一旦引发事故将造成严重后果。加强重大事故隐患的治理，是防范和遏制重特大生产安全事故的重要措施。

县级以上地方各级人民政府负有安全生产监督管理职责的部门应当将重大事故隐患纳入相关信息系统，建立健全重大事故隐患治理督办制度，督促生产经营单位消除重大事故隐患。通过相关信息系统，能够帮助相关监管执法部门及时掌握企业隐患排查治理情况，加强对企业重大事故隐患治理情况的监督检查。重大事故隐患治理督办的方式，可以采取下达督办指令或网上公示。对于某些生产经营单位自身难以解决的重大事故隐患，负有安全生产监督管理职责的部门应当积极协调，指导帮助生产经营单位消除隐患。负有安全生产监督管理职责的部门应当加强重大事故隐患治理过程中的监督检查，发现问题并及时督促整改。重大事故隐患治理结束后，应当及时核销。对于迟迟未按期消除重大事故隐患的生产经营单位，又没有其他客观原因的，负有安全生产监督管理职责的部门应当依法责令其停产整顿，直至提请县级以上人民政府予以关闭。治理工作结束后，有条件的生产经营单位应当组织本单位的技术人员和专家对重大事故隐患的治理情况进行评估；其他生产经营单位应当委托具备相应资质的安全评价机构对重大事故隐患的治理情况进行评估。经治理后符合安全生产条件的，生产经营单位应当向负有安全生产监督管理职责的部门提出恢复生产的书面申请，经负有安全生产监督管理职责的部门审查同意后，方可恢复生产经营。

二、《危险化学品安全管理条例》的管理要求

1. 储存数量构成重大危险源的危险化学品储存设施选址要求有哪些？

危险化学品生产装置或者储存数量构成重大危险源的危险化学品储存设施（运输工具、加油站、加气站除外），与下列场所、设施、区域的距离应当符合国家有关规定：

（1）居住区以及商业中心、公园等人员密集场所；

（2）学校、医院、影剧院、体育场（馆）等公共设施；

（3）饮用水源、水厂以及水源保护区；

（4）车站、码头（依法经许可从事危险化学品装卸作业的除外）、机场以及通信干线、通信枢纽、铁路线路、道路交通干线、水路交通干线、地铁风亭以及地铁站出入口；

（5）基本农田保护区、基本草原、畜禽遗传资源保护区、畜禽规模化养殖场（养殖小区）、渔业水域以及种子、种畜禽、水产苗种生产基地；

（6）河流、湖泊、风景名胜区、自然保护区；

（7）军事禁区、军事管理区；

（8）法律、行政法规规定的其他场所、设施、区域。

2. 储存数量构成重大危险源的危险化学品仓库的管理要求有哪些？

（1）危险化学品应当储存在专用仓库、专用场地或者专用储存室（统称专

用仓库）内，并由专人负责管理；剧毒化学品以及储存数量构成重大危险源的其他危险化学品，应当在专用仓库内单独存放，并实行双人收发、双人保管制度。

（2）危险化学品的储存方式、方法以及储存数量应当符合国家标准或者国家有关规定。

（3）储存危险化学品的单位应当建立危险化学品出入库核查、登记制度。

（4）对剧毒化学品以及储存数量构成重大危险源的其他危险化学品，储存单位应当将其储存数量、储存地点以及管理人员的情况，报所在地县级人民政府安全生产监督管理部门（在港区内储存的，报港口行政管理部门）和公安机关备案。

（5）危险化学品专用仓库应当符合国家标准、行业标准的要求，并设置明显的标志。储存剧毒化学品、易制爆危险化学品的专用仓库，应当按照国家有关规定设置相应的技术防范设施。

（6）储存危险化学品的单位应当对其危险化学品专用仓库的安全设施、设备定期进行检测、检验。

三、《危险化学品重大危险源监督管理暂行规定》的管理要求

1. 重大危险源辨识、评估与分级要求有哪些？

（1）重大危险源辨识要求。危险化学品单位应当按照《危险化学品重大危险源辨识》（GB 18218—2018），对本单位的危险化学品生产、经营、储存和使用装置、设施或者场所进行重大危险源辨识，并记录辨识过程与结果。

（2）重大危险源评估及分级要求。危险化学品单位应当对重大危险源进行安全评估并确定重大危险源等级。危险化学品单位可以组织本单位的注册安全工程师、技术人员或者聘请有关专家进行安全评估，也可以委托具有相应资质的安全评价机构进行安全评估。

危险化学品单位需要进行安全评价的，重大危险源安全评估可以与本单位的安全评价一起进行，以安全评价报告代替安全评估报告，也可以单独进行重大危

险源安全评估。

《危险化学品重大危险源监督管理暂行规定》明确规定，重大危险源有下列情形之一的，应当委托具有相应资质的安全评价机构，按照有关标准的规定采用定量风险评价方法进行安全评估，确定个人和社会风险值：

1）构成一级或者二级重大危险源，且毒性气体实际存在（在线）量与其在《危险化学品重大危险源辨识》中规定的临界量比值之和大于或等于1的；

2）构成一级重大危险源，且爆炸品或液化易燃气体实际存在（在线）量与其在《危险化学品重大危险源辨识》中规定的临界量比值之和大于或等于1的。

依据《危险化学品重大危险源监督管理暂行规定》的规定，重大危险源安全评估报告应当客观公正、数据准确、内容完整、结论明确、措施可行，并包括下列内容：

1）评估的主要依据；

2）重大危险源的基本情况；

3）事故发生的可能性及危害程度；

4）个人风险和社会风险值（仅适用定量风险评价方法）；

5）可能受事故影响的周边场所、人员情况；

6）重大危险源辨识、分级的符合性分析；

7）安全管理措施、安全技术和监控措施；

8）事故应急措施；

9）评估结论与建议。

（3）重大危险源重新辨识和评估要求。危险化学品单位应该加强重大危险源动态评估管理。有下列情形之一的，危险化学品单位应当对重大危险源重新进行辨识、安全评估及分级：

1）重大危险源安全评估已满三年的；

2）构成重大危险源的装置、设施或者场所进行新建、改建、扩建的；

3）危险化学品种类、数量、生产、使用工艺或者储存方式及重要设备、设施等发生变化，影响重大危险源级别或者风险程度的；

4）外界生产安全环境因素发生变化，影响重大危险源级别和风险程度的；

5）发生危险化学品事故造成人员死亡，或者 10 人以上受伤，或者影响到公共安全的；

6）有关重大危险源辨识和安全评估的国家标准、行业标准发生变化的。

2. 重大危险源登记建档、备案及核销要求有哪些？

（1）重大危险源登记建档要求。危险化学品单位应当对辨识确认的重大危险源及时、逐项进行登记建档。重大危险源档案应当包括辨识、分级记录，重大危险源基本特征表，涉及的所有化学品安全技术说明书等相关文件、资料。

（2）重大危险源备案要求

1）危险化学品单位在完成重大危险源安全评估报告或者安全评价报告后 15日内，应当填写重大危险源备案申请表，连同《危险化学品重大危险源监督管理暂行规定》第二十二条规定的重大危险源档案材料，报送所在地县级人民政府应急管理部门备案。

2）危险化学品单位新建、改建和扩建危险化学品建设项目，应当在建设项目竣工验收前完成重大危险源的辨识、安全评估和分级、登记建档工作，并向所在地县级人民政府应急管理部门备案。

（3）重大危险源核销要求。重大危险源经过安全评价或者安全评估不再构成重大危险源的，危险化学品单位应当向所在地县级人民政府应急管理部门申请核销。

3. 重大危险源档案包括哪些内容？

重大危险源档案应当包括下列文件、资料：

（1）辨识、分级记录。

（2）重大危险源基本特征表。

（3）涉及的所有化学品安全技术说明书。

（4）区域位置图、平面布置图、工艺流程图和主要设备一览表。

（5）重大危险源安全管理规章制度及安全操作规程。

（6）安全监测监控系统、措施说明、检测、检验结果。

（7）重大危险源事故应急预案、评审意见、演练计划和评估报告。

（8）安全评估报告或者安全评价报告。

（9）重大危险源关键装置、重点部位的责任人、责任机构名称。

（10）重大危险源场所安全警示标志的设置情况。

（11）其他文件、资料。

除此之外，还应有重大危险源包保主要负责人、技术负责人、操作负责人信息以及相应的履责考核记录。

4. 重大危险源核销需要提交哪些资料?

申请核销重大危险源应当提交下列文件、资料：

（1）载明核销理由的申请书。

（2）单位名称、法定代表人、住所、联系人、联系方式。

（3）安全评价报告或者安全评估报告。

四、其他安全生产相关文件对重大危险源的管理要求

1.《全国安全生产专项整治三年行动计划》对重大危险源管理的要求有哪些?

2020 年 4 月 1 日，国务院安全生产委员会印发了《全国安全生产专项整治三年行动计划》（安委〔2020〕3 号），其中《危险化学品安全专项整治三年行动实施方案》对重大危险源管理作了以下规定。

（1）大力推进危险化学品企业安全风险分级管控和隐患排查治理体系建设，运用信息化手段实现企业、化工园区、监管部门信息共享、上下贯通，2022 年底前涉及重大危险源的危险化学品企业要全面完成以安全风险分级管控和隐患排查治理为重点的安全预防控制体系建设。

（2）全面排查管控危险化学品生产储存企业外部安全防护距离。督促危险化学品生产储存企业按照《危险化学品生产装置和储存设施风险基准》（GB 36894—2018）和《危险化学品生产装置和储存设施外部安全防护距离确定方法》（GB /T 37243—2019）等标准规范确定外部安全防护距离。不符合外部安全防护距离要求的涉及重大危险源的生产装置和储存设施，经评估具备就地整改条

件的，整改工作必须在 2020 年底前完成，未完成整改的一律停止使用；需要实施搬迁的，在采取尽可能消减安全风险措施的基础上于 2022 年底前完成；已纳入城镇人口密集区危险化学品生产企业搬迁改造计划的，要确保按期完成。

（3）推进重大危险源生产装置、储存设施可燃气体和有毒气体泄漏检测报警装置、紧急切断装置、自动化控制系统的建设完善，2020 年底前涉及重大危险源的生产装置、储存设施的上述系统装备和使用率必须达到 100%，未实现或未投用的，一律停产整改。

（4）自 2020 年 5 月起，对涉及重大危险源生产装置和储存设施的企业，新入职的主要负责人和主管生产、设备、技术、安全的负责人及安全生产管理人员必须具备化学、化工、安全等相关专业大专及以上学历或化工类中级及以上职称，新入职的涉及重大危险源的生产装置、储存设施操作人员必须具备高中及以上学历或化工类中等及以上职业教育水平；不符合上述要求的现有人员应在 2022 年底前达到相应水平。

2. 《关于全面加强危险化学品安全生产工作的意见》对重大危险源管理的要求有哪些？

（1）按照《化工园区安全风险排查治理导则（试行）》和《危险化学品企业安全风险隐患排查治理导则》等相关制度规范，全面开展安全风险排查和隐患治理。严格落实地方党委和政府领导责任，结合实际细化排查标准，对危险化学品企业、化工园区或化工集中区，组织实施精准化安全风险排查评估，分类建立完善安全风险数据库和信息管理系统，区分"红、橙、黄、蓝"四级安全风险，突出一、二级重大危险源和有毒有害、易燃易爆化工企业，按照"一企一策""一园一策"原则，实施最严格的治理整顿。

（2）涉及"两重点一重大"（重点监管的危险化工工艺、重点监管的危险化学品和危险化学品重大危险源）的危险化学品建设项目由设区的市级以上政府相关部门联合建立安全风险防控机制。

3. 《危险化学品企业重大危险源安全包保责任制办法（试行）》对重大危险源人员配备的要求有哪些？

危险化学品企业应当明确本企业每一处重大危险源的主要负责人、技术负责人和操作负责人，从总体管理、技术管理、操作管理三个层面对重大危险源实行安全包保。重大危险源的主要负责人应当由危险化学品企业的主要负责人担任。重大危险源的技术负责人应当由危险化学品企业层面技术、生产、设备等分管负责人或者二级单位（分厂）层面有关负责人担任。重大危险源的操作负责人应当由重大危险源生产单元、储存单元所在车间、单位的现场直接管理人员担任，如车间主任。

4. 《危险化学品企业重大危险源安全包保责任制办法（试行）》对重大危险源主要负责人、技术负责人、操作负责人应该履行的职责提出哪些要求？

（1）重大危险源的主要负责人，对所包保的重大危险源负有下列安全职责：

1）组织建立重大危险源安全包保责任制并指定对重大危险源负有安全包保责任的技术负责人、操作负责人；

2）组织制定重大危险源安全生产规章制度和操作规程，并采取有效措施保证其得到执行；

3）组织对重大危险源的管理和操作岗位人员进行安全技能培训；

4）保证重大危险源安全生产所必需的安全投入；

5）督促、检查重大危险源安全生产工作；

6）组织制定并实施重大危险源生产安全事故应急救援预案；

7）组织通过危险化学品登记信息管理系统填报重大危险源有关信息，保证重大危险源安全监测监控有关数据接入危险化学品安全生产风险监测预警系统。

（2）重大危险源的技术负责人，对所包保的重大危险源负有下列安全职责：

1）组织实施重大危险源安全监测监控体系建设，完善控制措施，保证安全监测监控系统符合国家标准或者行业标准的规定；

2）组织定期对安全设施和监测监控系统进行检测、检验，并进行经常性维护、保养，保证有效、可靠运行；

3）对于超过个人和社会可容许风险值限值标准的重大危险源，组织采取相应的降低风险措施，直至风险满足可容许风险标准要求；

4）组织审查涉及重大危险源的外来施工单位及人员的相关资质、安全管理等情况，审查涉及重大危险源的变更管理；

5）每季度至少组织对重大危险源进行一次针对性安全风险隐患排查，重大活动、重点时段和节假日前必须进行重大危险源安全风险隐患排查，制定管控措施和治理方案并监督落实；

6）组织演练重大危险源专项应急预案和现场处置方案。

（3）重大危险源的操作负责人，对所包保的重大危险源负有下列安全职责：

1）负责督促检查各岗位严格执行重大危险源安全生产规章制度和操作规程；

2）对涉及重大危险源的特殊作业、检维修作业等进行监督检查，督促落实作业安全管控措施；

3）每周至少组织一次重大危险源安全风险隐患排查；

4）及时采取措施消除重大危险源事故隐患。

5. 《危险化学品企业重大危险源安全包保责任制办法（试行）》对重大危险源的仓保人履责措施作了哪些规定？

（1）危险化学品企业应当在重大危险源安全警示标志位置设立公示牌，写明重大危险源的主要负责人、技术负责人、操作负责人姓名、对应的安全包保职责及联系方式，接受员工监督。

（2）重大危险源安全包保责任人、联系方式应当录入全国危险化学品登记信息管理系统，并向所在地应急管理部门报备，相关信息变更的，应当于变更后5日内在全国危险化学品登记信息管理系统中更新。

（3）危险化学品企业应当按照《应急管理部关于全面实施危险化学品企业安全风险研判与承诺公告制度的通知》（应急〔2018〕74号）有关要求，向社会承诺公告重大危险源安全风险管控情况，在安全承诺公告牌企业承诺内容中增加落实重大危险源安全包保责任的相关内容。

（4）危险化学品企业应当建立重大危险源主要负责人、技术负责人、操作负责人的安全包保履职记录，做到可查询、可追溯，企业的安全管理机构应当对包保责任人履职情况进行评估，纳入企业安全生产责任制考核与绩效管理。

五、《中华人民共和国刑法》中涉及安全生产的规定

1. 什么是重大责任事故罪？

重大责任事故罪是指生产、作业中违反有关安全管理的规定，发生重大伤亡事故或者造成其他严重后果的，处 3 年以下有期徒刑或者拘役；情节特别恶劣的，处 3 年以上 7 年以下有期徒刑。

重大责任事故罪的构成要件包括以下四个方面。

（1）侵犯的客体是生产、作业的安全。生产、作业的安全是各行各业都十分重视的问题。在生产过程中出现一点问题都有可能导致正常生产秩序的破坏，甚至发生重大伤亡事故，造成财产损失。同时，生产安全也是公共安全的重要组成部分，危害生产安全同样会使不特定多数人的生命、健康或者公私财产遭受重大损失。

（2）客观方面表现为在生产、作业中违反有关安全生产的规定，因而发生重大伤亡事故或者造成其他严重后果的行为。违反有关安全管理的规定而发生重大伤亡事故或者造成其他严重后果，是重大责任事故罪的本质特征。其在实践中多表现为"不服管理""违反规章制度"。

（3）犯罪主体为一般主体，包括对生产、作业负有组织、指挥或者管理职责的负责人、管理人员、实际控制人、投资人等人员，以及直接从事生产、作业的人员。

（4）主观方面表现为过失。行为人在生产、作业中违反有关安全管理规定，可能是出于故意，但对于其行为引起的严重后果而言，则是过失，因为行为人对其行为造成的严重后果是不希望发生的，之所以发生了安全事故，是由于行为人在生产过程中严重不负责任，疏忽大意或者对事故隐患不积极采取补救措施，轻信能够避免，结果导致生产安全事故的发生。

2. 什么是强令、组织他人违章冒险作业罪？

强令、组织他人违章冒险作业罪是指强令他人违章冒险作业，或者明知存在

重大事故隐患而不排除，仍冒险组织作业，发生重大伤亡事故或者造成其他严重后果的，处 5 年以下有期徒刑或者拘役；情节特别恶劣的，处 5 年以上有期徒刑。

强令、组织他人违章冒险作业罪的构成要件包括以下四个方面。

（1）侵犯的客体是作业的安全。强令、组织他人违章冒险作业，是对正常的作业安全秩序的严重扰乱和破坏，发生了危害公共安全的后果，即危害了不特定多数人的生命、健康和公私财产的安全。

（2）客观方面表现为强令、组织他人违章冒险作业，因而发生重大伤亡事故或者造成其他严重后果的行为。

（3）犯罪主体为一般主体。包括对生产、作业负有组织、指挥或者管理职责的负责人、管理人员、实际控制人、投资人等人员。

（4）主观方面为过失。强令、组织违章冒险作业罪是结果犯，行为人虽然实施了强令、组织他人违章冒险作业的行为，但如果没有发生重大伤亡事故或者造成其他严重后果，只属于一般责任事故，不构成犯罪。

3. 什么是重大劳动安全事故罪？

重大劳动安全事故罪是指安全生产设施或者安全生产条件不符合国家规定，发生重大伤亡事故或者造成其他严重后果的，对直接负责的主管人员和其他直接责任人员，处 3 年以下有期徒刑或者拘役；情节特别恶劣的，处 3 年以上 7 年以下有期徒刑。

重大劳动安全事故罪的构成要件包括以下四个方面。

（1）侵犯的客体是生产安全。保护从业人员在生产过程中的安全与健康，是生产经营单位的法律义务和责任。

（2）客观方面表现为安全生产设施或者安全生产条件不符合国家规定，因而发生重大伤亡事故或者造成其他严重后果的行为。

（3）犯罪主体为一般主体，是指对安全生产设施或者安全生产条件不符合国家规定负有直接责任的生产经营单位负责人、管理人员、实际控制人、投资人，以及其他对安全生产设施或者安全生产条件负有管理、维护职责的人员。

（4）主观方面由过失构成。行为人应当预见到安全生产设施或者安全生产条件不符合国家规定所产生的后果，但由于疏忽大意没有预见或者虽然已经预见，但轻信可以避免，结果导致发生了重大生产安全事故。

4. 什么是危险作业罪？

危险作业罪是指在生产、作业中违反有关安全管理的规定，有下列情形之一，具有发生重大伤亡事故或者其他严重后果的现实危险的，处 1 年以下有期徒刑、拘役或者管制：

（1）关闭、破坏直接关系生产安全的监控、报警、防护、救生设备、设施，或者篡改、隐瞒、销毁其相关数据、信息的；

（2）因存在重大事故隐患被依法责令停产停业、停止施工、停止使用有关设备、设施、场所或者立即采取排除危险的整改措施，而拒不执行的；

（3）涉及安全生产的事项未经依法批准或者许可，擅自从事危险物品生产、经营、储存等高度危险的生产作业活动的。

"未经依法批准或者许可"主要包括以下四种情形：

（1）自始未取得批准或者许可；

（2）批准或者许可被暂扣、吊销、注销等；

（3）虽然有批准或者许可，但批准或者许可是非法的，如以欺骗、贿赂等非法手段获取的批准或者许可；

（4）超过批准或者许可的期限、范围。

实践中普遍存在"边申请、边审批、边开工"等"程序性违法"的情况，即使事后依法取得了批准或者许可，也可以认为依法取得批准或者许可前的阶段属于"未经依法批准或者许可"。

危险作业罪的构成要件包括以下四个方面。

（1）危险作业罪的客体是生产、作业中有关安全生产的管理制度和公共安全。危险作业罪不要求实际发生生产、作业事故，只要具有发生重大伤亡事故或者其他严重后果的现实危险，即可成立本罪。危险作业罪不以结果为导向，注重安全生产过程的管控，关口前移，把发生事故的各种因素消灭在萌芽状态。

（2）危险作业罪的客观方面表现为在生产、作业中违反有关安全管理的规定，关闭、破坏直接关系生产安全的监控、报警、防护、救生设备、设施，或者篡改、隐瞒、销毁其相关数据、信息；因存在重大事故隐患被依法责令停产停业、停止施工、停止使用有关设备、设施、场所或者立即采取排除危险的整改措施，而拒不执行；涉及安全生产的事项未经依法批准或者许可，擅自从事危险物品生产、经营、储存等高度危险的生产作业活动。

（3）危险作业罪的犯罪主体为一般主体，凡年满16周岁、具有刑事责任能力的自然人均可以构成本罪。

（4）危险作业罪的主观方面是故意。危险作业罪属于故意犯罪。

5. 重大责任事故罪、重大劳动安全事故罪、强令违章冒险作业罪中的"重大伤亡事故""其他严重后果""情节特别恶劣"的含义是什么？

（1）"重大伤亡事故""其他严重后果"的含义

具有下列情形之一的，应当认定为"发生重大伤亡事故或者造成其他严重后果"：

1）造成死亡1人以上，或者重伤3人以上的；

2）造成直接经济损失100万元以上的；

3）造成其他严重后果或者重大安全事故的情形。

（2）"情节特别恶劣"的含义

具有下列情形之一的，应当认定为"情节特别恶劣"：

1）造成死亡3人以上或者重伤10人以上，负事故主要责任的；

2）造成直接经济损失500万元以上，负事故主要责任的；

3）其他造成特别严重后果、情节特别恶劣或者后果特别严重的情形。

6. 什么是不报、谎报安全事故罪？不报谎报安全事故罪中"情节严重"和"情节特别严重"的含义是什么？

不报、谎报安全事故罪是指在安全事故发生后，负有报告职责的人员不报或者谎报事故情况，贻误事故抢救，情节严重的，处3年以下有期徒刑或者拘役；

情节特别严重的，处 3 年以上 7 年以下有期徒刑。

（1）安全事故发生后，负有报告职责的人员不报或者谎报事故情况，贻误事故抢救，具有下列情形之一的，应当认定为不报谎报安全事故罪中的"情节严重"：

1）导致事故后果扩大，增加死亡 1 人以上，或者增加重伤 3 人以上，或者增加直接经济损失 100 万元以上的。

2）实施下列行为之一，致使不能及时有效开展事故抢救的：

①决定不报、迟报、谎报事故情况或者指使、串通有关人员不报、迟报、谎报事故情况的；

②在事故抢救期间擅离职守或者逃匿的；

③伪造、破坏事故现场，或者转移、藏匿、销毁遇难人员尸体，或者转移、藏匿受伤人员的；

④销毁、伪造、隐匿与事故有关的图样、记录、计算机数据等资料以及其他证据的。

3）其他情节严重的情形。

（2）具有下列情形之一的，应当认定为不报、谎报安全事故罪中的"情节特别严重"：

1）导致事故后果扩大，增加死亡 3 人以上，或者增加重伤 10 人以上，或者增加直接经济损失 500 万元以上的；

2）采用暴力、胁迫、命令等方式阻止他人报告事故情况，导致事故后果扩大的；

3）其他情节特别严重的情形。

❓ 思考题

1. 重大危险源操作负责人如何落实安全生产法律法规及相关文件对重大危险源管理的要求？

2. 重大危险源操作负责人违反法律要求，可能承担的刑事责任有哪些？

第二节　重大危险源操作负责人履责要求

一、安全包保职责要求

如何理解操作负责人的重大危险源安全包保职责要求？

重大危险源安全包保责任制对操作负责人共提出了 4 项职责要求，更多的是体现在操作负责人从安全操作上保障重大危险源安全运行的责任方面。保证管辖范围内的重大危险源运行安全是操作负责人在技术负责人的指导下，辅助主要负责人做好企业安全生产的第一要务，也是落实企业安全生产主体责任的重要抓手。

重大危险源的操作负责人应当由重大危险源生产单元、储存单元所在车间、单位的现场直接管理人员担任，如车间主任。操作负责人在主要负责人、技术负责人统一领导下，督促检查重大危险源相关包保具体工作的执行，并定期开展安全风险隐患排查，采取措施消除重大危险源事故隐患。

（1）包保责任制中操作负责人职责第一条是要求操作负责人负责督促检查各岗位严格执行重大危险源安全生产规章制度和操作规程情况。

《危险化学品重大危险源监督管理暂行规定》第十二条要求，危险化学品单位应当建立完善重大危险源安全管理规章制度和安全操作规程，并采取有效措施保证其得到执行。第十七条要求，危险化学品单位应当对重大危险源的管理和操作岗位人员进行安全操作技能培训，使其了解重大危险源的危险特性，熟悉重大危险源安全管理规章制度和安全操作规程，掌握本岗位的安全操作技能和应急措施。

安全操作规程是企业工艺操作的"法"，违反操作规程就是违"法"。企业要建立完善重大危险源安全管理规章制度和安全操作规程，并由操作负责人对岗位人员进行安全操作技能培训，严禁操作人员违章作业。企业应鼓励生产一线操作人员参与操作规程的编制，将生产操作经验融入操作规程中。

在重大危险源场所的定时巡检方面，《危险化学品企业安全风险隐患排查治理导则》中明确了涉及重大危险源的生产、储存装置和部位的操作人员现场巡检间隔不得大于 1 h；基层车间（装置）直接管理人员（工艺、设备技术人员）、电气仪表人员每天至少两次对装置现场进行相关专业检查。

（2）包保责任制中操作负责人职责第二条是要求操作负责人对涉及重大危险源的特殊作业、检维修作业等进行监督检查，督促落实作业安全管控措施。

特殊作业、检维修作业等高风险作业，由于作业过程中安全风险较大，容易发生人身伤亡或设备损坏，已多次发生具有严重后果的事故。例如，2013 年 6 月 2 日，大连石化分公司在三苯储罐区罐顶违章进行气割动火作业时，切割火焰引燃泄漏的易燃易爆气体，回火至罐内引起储罐爆炸，造成 4 人死亡；2018 年 5 月 12 日，上海赛科石化公司在苯罐区拆除内浮顶储罐的浮箱过程中，浮箱内外泄的苯遇到使用非防爆工具产生的点火源而发生爆燃事故，造成 6 人死亡。

《危险化学品企业特殊作业安全规范》（GB 30871—2022）中规定了包括动火作业、受限空间作业、高处作业等 8 大作业在内的特殊作业安全管理要求。《化工和危险化学品生产经营单位重大生产安全事故隐患判定标准（试行）》将"未按照国家标准制定动火、进入受限空间等特殊作业管理制度，或者制度未有效执行"及"特种作业人员未持证上岗"判定为重大生产安全事故隐患。

《危险化学品企业安全风险隐患排查治理导则》规定了对于安全风险较大的设备检维修作业，应由企业合理确定安全措施，并加强监督检查，督促落实作业安全管控措施。

操作负责人要及时掌握管辖范围内存在的特殊作业和风险较大的其他作业实施情况，监督作业人员遵章作业以及监护人员在岗在位，防止重大危险源场所在开展高风险作业时发生意外事故。

（3）包保责任制中操作负责人职责第三条和第四条都是要求操作负责人要定

期组织开展隐患排查，及时消除事故隐患，落实《中华人民共和国安全生产法》要求的风险分级管控和隐患排查治理工作。

风险是动态的，因此隐患也是动态出现的。《危险化学品企业安全风险隐患排查治理导则》明确了企业要组织开展全过程、全方位、全员参与的隐患排查治理工作。《危险化学品重大危险源监督管理暂行规定》要求，危险化学品单位应当对重大危险源的安全生产状况进行定期检查，及时采取措施消除事故隐患；事故隐患难以立即排除的，应当及时制定治理方案，落实整改措施、责任、资金、时限和预案。

涉及重大危险源的生产、储存装置和部位除操作人员需要按照规定频次做好巡检巡查外，各个层级的包保负责人也需要分别组织相应的隐患排查工作，其中操作负责人要做到每周至少组织一次重大危险源安全风险隐患排查。排查的重点是工艺运行稳定性情况、工艺指标符合性情况、交接班规定执行情况、开展特殊作业情况、变更情况以及"三违"现象查处情况等。通过不间断、多频次的隐患排查，将隐患消灭在萌芽之中。

《中华人民共和国安全生产法》规定，生产经营单位的安全生产管理人员在检查中发现重大事故隐患，应向本单位有关负责人报告，有关负责人不及时处理的，安全生产管理人员可以向主管的负有安全生产监督管理职责的部门报告，接到报告的部门应当依法及时处理。对重大危险源包保责任人而言，操作负责人同样有责任对发现的重大事故隐患及重大风险问题及时报告给技术负责人和主要负责人，主要负责人不及时处理的，也可以直接报告当地应急管理部门。对确实不具备整改条件的，操作负责人应进行安全风险分析，从工程控制、安全管理、个体防护、应急处置及培训教育等方面拟定管控措施，上报技术负责人进行审查，并按照审批的方案采取措施，防止生产安全事故的发生。

在采取各项降低风险措施的同时，也要坚持"尽可能合理降低"原则（ALARP，as low as reasonably practicable），即在当前的技术条件和合理费用下，对风险的控制要做到在合理可行的原则下"尽可能低"。按照 ALARP 原则，风险区域可分为：

1）不可接受的风险区域。在这个区域，除非特殊情况，风险是不可接受的。

2）允许的风险区域。在这个区域内必须满足以下条件之一时，风险才是可允许的：

①在当前的技术条件下，进一步降低风险不可行；

②降低风险所需的成本远远大于降低风险所获得的收益。

3）广泛可接受的风险区域。在这个区域，剩余风险水平是可忽略的，一般不要求进一步采取措施降低风险。

ALARP 原则示意图如图 2-1 所示。

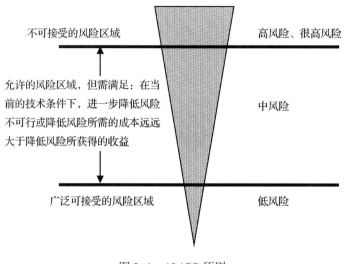

图 2-1　ALARP 原则

如果使用了 ALARP 原则，当一个风险位于两种极端情况（不可接受的风险区域和广泛可接受的风险区域）之间时，所承担的风险被认为是可允许的风险。

二、履责措施

1. 操作负责人应如何做好对重大危险源包保责任的履行工作？

操作负责人作为重大危险源安全包保环节中最基础的一环，在保证重大危险源安全方面具有重要的地位，起着关键的作用。操作负责人既要贯彻落实主要负责人对重大危险源安全管理工作的要求，又要在技术负责人的指导下具体负责重大危险源的安全运行。操作负责人的包保责任是在技术负责人包保责任基础上的进一步具体化，更加突出了操作实施的要求。

操作负责人要履行好自己应承担的包保职责，就要做到以下几个方面的工作。

（1）不断提高自身业务水平。操作负责人多为车间主任，既需要管理能力，更需要专业知识。《危险化学品安全专项整治三年行动实施方案》对主管生产、设备、技术、安全的负责人及安全生产管理人员提出了学历要求。重大危险源操作负责人应参照此规定要求，从提高自身业务素质入手，做到能干、会干。

（2）抓好岗位员工的遵章守纪工作。要求岗位员工高度重视操作规程的重要作用，并开展操作规程知识培训，做到严格遵守操作规程，坚决查处"三违"行为。在重大危险源装置运行中，要督促岗位员工认真按照安全操作规程操作，杜绝出现超温、超压、超液位运行的情况，及时处理工艺报警信号，保持生产装置运行工况平稳。要加强交接班管理，明确交接班内容，防止交接班时重要信息的遗漏。

（3）抓好涉及重大危险源的特殊作业、检维修作业安全监督检查。要按照《危险化学品企业特殊作业安全规范》（GB 30871—2022）要求，落实安全风险管控措施；对任命的现场监护人员加强检查，严禁无监护作业。

操作负责人处于生产管理第一线，对隐患排查治理工作及"三违"现象要亲自抓、亲自查，对排查出的隐患问题要拟定整改方案并督促落实。在重大隐患整改方案制定过程中，配合技术负责人科学、细致编制整改方案，确保方案的可行性和可靠性。

2. 如何做好操作负责人在重大危险源包保履责方面的考核工作？

做好履责，就必须辅以定期考核。制定翔实、尽可能量化的考核表并对照考核内容逐项进行考核，有助于落实包保责任。如组织开展各种隐患排查的次数是否符合规定要求、岗位员工是否按照操作规程进行操作、对重大危险源的日常巡检是否按规定频次进行、特殊作业过程是否做好风险管控等。

《危险化学品企业重大危险源安全包保责任制办法（试行）》已明确，危险化学品企业应当建立重大危险源主要负责人、技术负责人、操作负责人的安全包保履职记录，做到可查询、可追溯，企业的安全管理机构应当对包保责任人履职情况进行评估，纳入企业安全生产责任制考核与绩效管理。

化工企业专职安全管理部门承担着企业安全生产的考核管理工作，要严格按照考核标准定期开展考核，认真评议操作负责人在包保重大危险源安全方面履责情况，定期向技术负责人和主要负责人汇报考核结果。只有上下联动、齐抓共管，才能保证重大危险源的安全运行。

❓ 思考题

1. 操作负责人应如何管好重大危险源场所特殊作业过程的安全？

2. 承包商在重大危险源场所内工作时，操作负责人应如何防范承包商可能带来的风险？

第三节　重大危险源规章制度及操作规程

一、规章制度

重大危险源企业应制定哪些管理制度？

《危险化学品生产企业安全生产许可证实施办法》明确了化工生产企业应建立的管理制度，包括：

（1）安全生产例会等安全生产会议制度；

（2）安全投入保障制度；

（3）安全生产奖惩制度；

（4）安全培训教育制度；

（5）领导干部轮流现场带班制度；

（6）特种作业人员管理制度；

（7）安全检查和隐患排查治理制度；

（8）重大危险源评估和安全管理制度；

（9）变更管理制度；

（10）应急管理制度；

（11）生产安全事故或者重大事件管理制度；

（12）防火、防爆、防中毒、防泄漏管理制度；

（13）工艺、设备、电气仪表、公用工程安全管理制度；

（14）动火、进入受限空间、临时用电、吊装、高处作业、盲板抽堵、动土、断路、设备检维修等作业安全管理制度；

（15）危险化学品安全管理制度；

（16）职业健康相关管理制度；

（17）劳动防护用品使用维护管理制度；

（18）承包商管理制度；

（19）安全管理制度及操作规程定期修订制度等。

除此之外，企业还应建立下列针对重大危险源的管理制度：

（1）重大危险源安全包保管理制度；

（2）重大危险源场所高风险作业管理制度；

（3）异常工况下应急授权的管理制度。

二、操作规程

1. 重大危险源场所哪些作业属于危险作业？应如何从制度和操作规程方面强化过程管理？

根据《危险化学品企业安全风险隐患排查治理导则》规定，危险作业是指操作过程安全风险较大，容易发生人身伤亡或设备损坏，安全事故后果严重，需要采取特别控制措施的作业。一般包括：

（1）《危险化学品企业特殊作业安全规范》（GB 30871—2022）规定的动火、进入受限空间、盲板抽堵、高处作业、吊装、临时用电、动土、断路等特殊作业；

（2）储罐切水、液化烃充装等危险性较大的作业；

（3）安全风险较大的设备检维修作业。

对特殊作业，企业应严格按照《危险化学品企业特殊作业安全规范》（GB 30871—2022）标准要求，制定切合企业实际的特殊作业管理制度，并认真履行，落实好作业人、监护人、审批人的职责；对储罐切水作业，企业应制定相应操作规程，督促作业人员严格执行操作规程；对液化烃充装作业，企业应制定管理制度或操作规程，并明确易燃易爆有毒危险化学品装卸作业时装卸设施接口连接可靠性确认要求，每次作业前进行检查，确保装卸设施连接口不存在磨损、变形、局部缺口、胶圈或垫片老化等缺陷，避免出现接口脱开、接口不稳固等问题。

2. 重大危险源场所装卸作业管理制度应包括哪些内容？

（1）现场人员各自的安全责任、作业范围。

（2）运输车辆的管理、相关证件的管理要求。

（3）作业前安全条件确认的管理要求。

（4）作业过程中的应急管理、人员管理要求。

（5）作业完成后的确认管理要求。

3. 应如何做好重大危险源操作规程的管理工作？

（1）企业应制定操作规程管理制度，明确操作规程编制、审查、批准、分发、使用、控制、修订及废止的程序和职责。

（2）企业应按照供应商提供的安全技术规程和收集的安全生产信息、风险分析结果以及同类装置操作经验编制操作规程。操作人员应参与操作规程的编制、修订和审核工作。

（3）对操作规程安全管理提出的要求是：

1）操作规程应及时反映安全生产信息、安全要求和注意事项的变化。企业每年要对操作规程的适应性和有效性进行确认，至少每3年要对操作规程进行审核修订；当工艺技术、设备发生重大变更时，要及时审核修订操作规程。

2）企业要确保作业现场始终存有最新版本的操作规程文本，以方便现场操作人员随时查用；定期开展操作规程培训和考核。

工艺卡片是操作规程中工艺控制指标的简化版本，主要收录的是影响工艺运行安全的关键岗位关键控制参数。企业应根据生产特点编制工艺卡片，工艺卡片的管理同操作规程一样，每年需要进行有效性审核。但工艺卡片又与操作规程不同，工艺卡片中的工艺参数控制范围可以根据生产运行实际状况，在正确履行变更管理的基础上进行临时调整，且可以多次调整，而操作规程仅需要每年审核调整一次即可。

（4）操作规程内容。操作规程内容应至少包括：开车、正常操作、临时操作、异常处置、正常停车和紧急停车的操作步骤与安全要求；工艺参数的正常控制范围及报警、联锁值设置，偏离正常工况的后果及预防措施和步骤；操作过程的人身安全保障、职业健康注意事项等。具体有：

1）使用的危险化学品的物理和化学性质；

2）岗位生产工艺流程及关键控制点；

3）主要设备一览表及主要设备操作、维护说明；

4）报警及联锁一览表，报警、联锁及其投用与操作；

5）初始开车、正常操作、临时操作、应急操作、正常停车、紧急停车等各个操作阶段的操作步骤；

6）正常工况控制范围、偏离正常工况的后果，纠正或防止偏离正常工况的步骤；

7）装置事故处理；

8）安全设施及其作用；

9）操作时的人身安全保障、职业健康注意事项等，如危险化学品的特性与危害、防止职业暴露的必要措施、发生身体接触或暴露后的处理措施等。

> **❓ 思考题**
>
> 1. 操作负责人如何带头践行遵章守纪，查处"三违"行为？
> 2. 如何加强操作规程的管理工作？

第四节 重大危险源从业人员的培训

一、培训要求

1. 危险化学品企业从业人员培训要求有哪些？

根据《生产经营单位安全培训规定》，从业人员是指生产经营单位的全体人员，包括主要负责人、安全生产管理人员、特种作业人员和其他从业人员。

《中华人民共和国安全生产法》规定，企业应当对从业人员进行安全生产教育和培训，保证从业人员具备必要的安全生产知识，熟悉有关的安全生产规章制度和安全操作规程，掌握本岗位的安全操作技能，了解事故应急处理措施，知悉自身在安全生产方面的权利和义务。未经安全生产教育和培训合格的从业人员，不得上岗作业。具体要求如下：

（1）特种作业人员培训要求。在涉及重大危险源场所从事特殊作业、危险化工工艺生产装置操作岗位的特种作业人员，应当接受与其所从事的特种作业相应的安全技术理论培训和实际操作培训，取得相应工种的特种作业人员资格证书。特种作业人员初训72学时，复审培训不少于8学时。离开特种作业岗位6个月以上的特种作业人员，应当重新进行实际操作考试，经确认合格后方可上岗作业。

已经取得职业高中、技工学校及中专以上学历的毕业生从事与其所学专业相应的特种作业，持学历证明经考核发证机关同意，可以免予相关专业的培训。跨省、自治区、直辖市从业的特种作业人员，可以在户籍所在地或者从业所在地参加培训。

（2）其他从业人员的培训要求

1）现场监护人员培训要求。在涉及重大危险源场所从事特殊作业的现场监护人员，应按照《危险化学品企业特殊作业安全规范》（GB 30871—2022）要求取得特殊作业监护人员培训合格证书，方可上岗作业。

2）特种设备作业人员培训要求。在重大危险源场所从事压力容器焊接、气瓶充装等特种设备操作、维护作业的人员，应按照《中华人民共和国特种设备安全法》要求，经特种设备安全监督管理部门考核合格，取得特种设备作业人员操作资格证书，方可从事相应作业。

3）新上岗从业人员的培训要求。新上岗的临时工、合同工、劳务工、轮换工、协议工等要进行强制性安全培训，保证其具备本岗位安全操作、自救互救以及应急处置所需的知识和技能后，方能安排上岗作业。新上岗的从业人员安全培训时间不得少于72学时，每年接受再培训的时间不得少于20学时。

4）从业人员重新培训的要求。从业人员在本企业内调整工作岗位或离岗1年以上重新上岗时，应当重新接受车间（工段、区、队）和班组级的安全培训。

化工（危险化学品）企业实施新工艺、新技术或者使用新设备、新材料时，或者实施工艺技术变更、设备设施变更后，应当对有关从业人员重新进行有针对性的安全培训。

5）专职应急救援人员培训要求。专职应急救援人员应按照有关规定，经专门应急救援培训，考核合格后，方可上岗，并定期参加复训。

（3）承包商相关人员的培训要求。承包商相关人员应接受化工（危险化学品）企业的入厂安全教育及作业场所安全培训并经考试合格。安全教育培训记录由双方签字后备案。

2. 特种作业人员取证条件有哪些？

根据《特种作业人员安全技术培训考核管理规定》，特种作业人员取证应满足以下条件：

（1）年满 18 周岁，且不超过国家法定退休年龄；

（2）经社区或者县级以上医疗机构体检健康合格，并无妨碍从事相应特种作业的器质性心脏病、癫痫病、美尼尔氏症、眩晕症、癔症、震颤麻痹症、精神病、痴呆症以及其他疾病和生理缺陷；

（3）具有初中及以上文化程度；

（4）具备必要的安全技术知识与技能；

（5）相应特种作业规定的其他条件。

危险化学品特种作业人员除符合以上要求外，应当具备高中或者相当于高中及以上文化程度。

二、培训内容

1. 危险化学品企业从业人员培训内容有哪些？

（1）特种作业人员培训内容。在涉及重大危险源场所从事特殊作业以及在构成重大危险源的涉及危险化工工艺生产装置岗位操作的特种作业人员，应按照《特种作业人员安全技术培训大纲和考核标准（试行）》规定的特种作业人员培训大纲实施培训。例如，危险化工工艺作业人员培训的内容主要包括安全生产法律法规及规章标准、工艺安全基础知识、安全生产技术、安全设备设施、事故预防与应急处置、事故案例分析、个体防护知识（特殊防护设施）、消气防知识等。

（2）其他从业人员的培训内容

1）特殊作业现场监护人员培训内容。特殊作业现场监护人员培训内容主要包括：作业票办理知识；监护人的职责；作业现场的工艺流程、生产设备、物料走向、物料特点和环境状况；防火、防爆、防中毒、防窒息、防触电的一般知识；工作危害分析方法及应用；防毒面具、正压式空气呼吸器和各式常用灭火器材的使用方法；现场救护的一般知识；撤离路线、发生紧急情况时的报告程序等。

2）特种设备作业人员培训内容。在重大危险源场所从事压力容器焊接、气瓶充装等特种设备操作、维护作业的人员，应按照有关特种设备作业人员安全技术培训考核大纲的要求进行培训。

3）新上岗从业人员的培训内容。新上岗从业人员按照有关危险化学品生产经营单位从业人员安全生产培训大纲的要求实施培训。主要包括：国家安全生产方针、政策和有关危险化学品安全生产的主要法律、法规、规章；危险化学品知识；防火防爆知识；设备、附件、安全及消防设施；化工生产过程的基本安全知识；检维修作业；危险源辨识；个人防护用品及应急救援器材的使用和维护；安全警示与标志；安全生产管理制度与操作规程；事故事件状态下的现场应急处置；事故案例分析。

2. 承包商相关人员的安全培训内容有哪些？

（1）承包商相关人员入厂安全教育培训内容主要包括：企业安全规章制度；作业区域概述；工作场所的风险及安全、健康环保要求；工作场所的危险、有害物质；现场应急反应和报警；作业许可证制度；化工系统典型事故教训、事故报告；车辆安全；门禁和保卫；法律法规要求的其他内容。

（2）承包商作业人员作业场所安全培训内容主要包括：工程概况、施工特点和安全管理要求；工作场所的风险及安全、健康环保要求；工程施工区域内的主要危险作业项目和场所风险分析及管控措施，安全注意事项；工作场所的职业危害因素及个人防护用品的使用要求；现场应急反应和报警；现场紧急情况下的疏散、急救和应急处理；应急救援器材的使用和逃生；事故报告；其他需要培训的内容。

❓ **思考题**

1. 操作负责人应如何做好岗位员工安全培训工作？
2. 操作负责人应如何加强承包商现场安全管理？

第五节　重大危险源设备设施管理

一、重大危险源主要设备类别及安全附件

1. 化工企业常用储罐有哪些?

化工企业常用储罐按形状和结构特征,可分为立式圆筒形储罐、卧式圆筒形储罐和特殊形状储罐。立式圆筒形钢制油罐是目前应用范围较广的一种储罐,主要有立式拱顶罐、浮顶罐和内浮顶罐。压力储罐主要为球罐。

(1) 立式拱顶罐。立式拱顶罐是立式圆筒形储罐的一种,它由带弧形的罐顶、圆筒形罐壁及平罐底组成。由于罐顶以下的气相空间大,油品的蒸发损耗会加大,所以,立式拱顶罐适宜储存挥发性较低的化学品,对于挥发性较高的化学品应在氮气密封的条件下储存。

(2) 浮顶罐。浮顶罐又称为外浮顶罐,是带有浮顶、上部敞口的立式圆筒形罐。它利用浮顶把液面和大气隔开,因而大大减少了化学品的蒸发损耗,降低了化学品挥发对大气环境的污染,并减少了火灾危险。浮顶罐是敞口容器,为使储罐在风载作用下保持其圆度,不致使罐壁出现局部失稳,即被风局部吹瘪现象,常在浮顶罐罐壁的顶圈设置抗风圈。

(3) 内浮顶罐。内浮顶罐是装有浮顶的拱顶罐。它兼有立式拱顶罐防雨、防尘和浮顶罐降低蒸发损耗的优点,因而在化工企业中多用于储存航空汽油、汽油、溶剂油、甲醇、甲基叔丁基醚(MTBE)等品质较高的易挥发油品。

(4) 卧罐。卧式圆筒形储罐一般简称卧罐。与立式圆筒形储罐相比,卧罐的容量小,承压能力范围大,广泛被用作各种生产过程中的工艺容器。卧罐可用于

储存各种油料和化工产品，如汽油、柴油、液化石油气、丙烷、丙烯等。卧罐作为一般化学品储罐时，其附件一般有进出物料管、人孔、量油孔、排污—放水管、呼吸阀或通压管等，其作用与立式储罐相同。卧罐作为压力容器储存高蒸气压产品时，应密闭储存，其附件设置与球罐类似。

（5）球罐。球罐是一种压力储罐，在化工企业中被广泛应用于储存液化气体和其他低沸点油品。球罐由球壳、支柱、拉杆、顶部操作台及球罐附件组成。

（6）全防罐。全防罐是指由内罐和外罐组成的储罐。其内罐和外罐都能适应储存低温冷冻液体，内外罐之间的距离为 1~2 m，罐顶由外罐支撑。在正常操作条件下，内罐储存低温冷冻液体；外罐既能储存冷冻液体，又能限制内罐泄漏液体所产生的气体排放。

2. 固定式压力容器的定义是什么？是如何分类的？

（1）固定式压力容器的定义。按照《固定式压力容器安全技术监察规程》（TSG 21—2016），固定式压力容器是指特种设备目录所定义的同时具备以下条件的压力容器：

1）工作压力大于或者等于 0.1 MPa［工作压力是指在正常工作情况下，压力容器顶部可能达到的最高压力（表压力）］；

2）容积大于或者等于 0.03 m^3 并且内直径（非圆形截面指截面内边界最大几何尺寸）大于或者等于 150 mm［容积是指压力容器的几何容积，即图样标注的尺寸计算（不考虑制造公差）并且圆整］；

3）盛装介质为气体、液化气体以及介质最高工作温度高于或者等于其标准沸点的液体（容器内介质为最高工作温度低于其标准沸点的液体时，如果气相空间的容积大于或者等于 0.03 m^3，也属于该规程的适用范围）。

（2）压力容器类别的划分。根据《固定式压力容器安全技术监察规程》（TSG 21—2016），压力容器的分类应当根据介质特征，按照以下要求选择分类图，再根据设计压力 p（单位 MPa）和容积 V（单位 m^3），标出坐标点，确定压力容器类别：

1）第一组介质（毒性危害程度为极度、高度危害的化学介质，易爆介质，液化气体），压力容器分类如图 2-2 所示；

　　2）第二组介质（除第一组以外的介质），压力容器分类如图 2-3 所示。

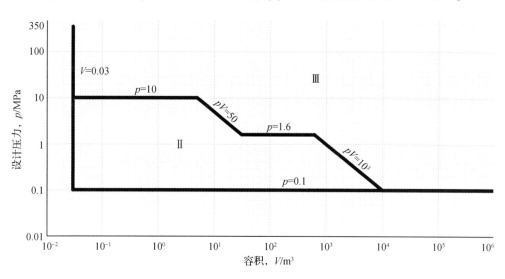

图 2-2　压力容器分类图—第一组介质

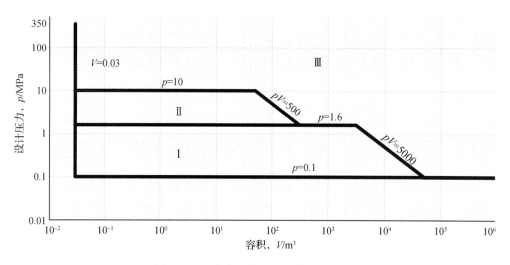

图 2-3　压力容器分类图—第二组介质

　　综合考虑急性毒性、最高容许浓度和职业性慢性危害等因素，极度危害介质最高容许浓度小于 0.1 mg/m³；高度危害介质最高容许浓度为 0.1~1.0 mg/m³；中度危害介质最高容许浓度为 1.0~10 mg/m³；轻度危害介质最高容许浓度大于或者等于 10 mg/m³。

易爆介质指气体或者液体的蒸气、薄雾与空气混合形成的爆炸混合物，并且其爆炸下限小于 10%，或者爆炸上限和爆炸下限的差值大于或者等于 20% 的介质。

3. 压力容器月度检查和年度检查都包括哪些要求？

按照《固定式压力容器安全技术监察规程》（TSG 21—2016），压力容器定期自行检查包括压力容器的月度检查和年度检查。

（1）压力容器月度检查要求。使用单位每月对所使用的压力容器至少进行 1 次月度检查，并记录检查情况；当年度检查与月度检查时间重合时，可不再进行月度检查。月度检查内容主要为压力容器本体及其安全附件、装卸附件、安全保护装置、测量调控装置、附属仪器仪表是否完好，各密封面有无泄漏，以及其他异常情况等。

（2）压力容器年度检查要求。使用单位每年对所使用的压力容器至少进行 1 次年度检查。年度检查工作完成后，应当进行压力容器使用安全状况分析，并且对年度检查中发现的隐患及时消除。年度检查工作可以由压力容器使用单位安全管理人员组织经过专业培训的作业人员进行，也可以委托有资质的特种设备检验机构进行。检查内容如下：

1）压力容器的安全管理制度是否齐全有效；

2）压力容器的设计文件、竣工图样、产品合格证、产品质量证明文件、安装及使用维护保养说明、监检证书以及安装、改造、修理资料等是否完整；

3）特种设备使用登记证、特种设备使用登记表是否与实际相符；

4）压力容器日常维护保养、运行记录、定期安全检查记录是否符合要求；

5）压力容器年度检查、定期检验报告是否齐全，检查、检验报告中所提出的问题是否得到解决；

6）安全附件及仪表的校验（检定）、修理和更换记录是否齐全真实；

7）是否有压力容器应急专项预案和演练记录；

8）是否对压力容器事故、故障情况进行了记录。

4. 压力容器技术档案都包括哪些内容?

（1）特种设备使用登记证。

（2）特种设备使用登记表。

（3）特种设备设计、制造技术资料和文件，包括设计文件、产品质量合格证明（含合格证、质量证明书）、安装及使用维护保养说明、监督检验证书等。

（4）特种设备安装、改造和修理的方案，材料质量证明书和施工质量证明文件，安装、改造、修理监督检验报告及验收报告等技术资料。

（5）特种设备定期自行检查记录（报告）和定期检验报告。

（6）特种设备日常使用状况记录。

（7）特种设备及其附属仪器仪表维护保养记录。

（8）特种设备安全附件和安全保护装置校验、检修、更换记录和有关报告。

（9）特种设备运行故障和事故记录及事故处理报告。

5. 安全阀检查的内容和要求是什么? 安全阀的检验周期如何确定?

（1）安全阀检查的内容和要求

1）选型是否正确。

2）是否在校验有效期内使用。

3）杠杆式安全阀的防止重锤自由移动和杠杆越出的装置是否完好，弹簧式安全阀调整螺钉的铅封装置是否完好，静重式安全阀防止重片飞脱的装置是否完好。

4）如果安全阀和排放口之间装设了截止阀，截止阀是否处于全开位置及铅封是否完好。

5）安全阀是否有泄漏。

6）放空管是否通畅，防雨帽是否完好。

（2）安全阀检验周期的确定

1）基本要求。安全阀一般每年至少校验一次。

2）弹簧直接载荷式安全阀满足以下条件时，其校验周期最长可以延长至3年：

①安全阀制造单位能提供证明，证明其所用弹簧按照《弹簧直接载荷式安全阀》（GB/T 12243—2021）进行了强压处理或者加温强压处理，并且同一热处理炉同规格的弹簧取 10%（但不得少于 2 个）测定规定负荷下的变形量或者刚度，测定值的偏差不大于 15% 的；

②安全阀内件材料耐介质腐蚀的；

③安全阀在正常使用过程中未发生过开启的；

④压力容器及其安全阀阀体在使用时无明显锈蚀的；

⑤压力容器内盛装非黏性并且毒性危害程度为中度及中度以下介质的；

⑥使用单位建立、实施了健全的设备使用、管理与维护保养制度，并且有可靠的压力控制与调节装置或者超压报警装置的；

⑦使用单位建立了符合要求的安全阀校验站，具有安全阀校验能力的。

3）校验周期延长至 5 年。弹簧直接载荷式安全阀，在满足 2）中第②、③、④、⑥、⑦项的条件下，同时满足以下条件时，其校验周期最长可以延长至 5 年：

①安全阀制造单位能提供证明，证明其所用弹簧按照《弹簧直接载荷式安全阀》（GB/T 12243—2021）进行了强压处理或者加温强压处理，并且同一热处理炉同规格的弹簧取 20%（但不得少于 4 个）测定规定负荷下的变形量或者刚度，测定值的偏差不大于 10%；

②压力容器内盛装毒性危害程度为轻度（无毒）的气体介质，工作温度不高于 200 ℃。

6. 爆破片是如何分类的？爆破片应用注意事项有哪些？

（1）爆破片分类。爆破片可分为四大类，分别是正拱形爆破片、反拱形爆破片、平板形爆破片和石墨爆破片。

正拱形爆破片分为正拱普通型爆破片、正拱开缝型爆破片、正拱带槽型爆破片。

反拱形爆破片分为反拱带刀型爆破片、反拱鳄齿型爆破片、反拱带槽型爆破片、反拱开缝型爆破片、反拱脱落型爆破片。

平板形爆破片分为平板普通型爆破片、平板开缝型爆破片、平板带槽型爆破片。

石墨爆破片分为单片可更换型石墨爆破片、整体不可更换型石墨爆破片。

部分爆破片如图2-4所示。

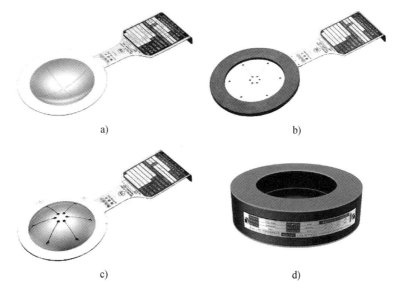

a)   b)

c)   d)

图2-4 部分爆破片

a）反拱带槽型爆破片 b）平板开缝型爆破片 c）正拱开缝型爆破片 d）石墨爆破片

（2）爆破片应用注意事项

1）符合下列条件之一的被保护承压设备，应单独使用爆破片安全装置作为超压泄放装置：

①容器内压力迅速增加，安全阀来不及反应的；

②设计上不允许容器内介质有任何微量泄漏的；

③容器内介质产生的沉淀物或黏着胶状物有可能导致安全阀失效的；

④由于低温的影响，安全阀不能正常工作的；

⑤由于泄压面积过大或泄放压力过高（低）等原因安全阀不适用的。

2）属于下列情况之一的被保护承压设备，爆破片安全装置应串联在安全阀入口侧：

①为避免因爆破片的破裂而损失大量的工艺物料或盛装介质的；

②安全阀不能直接使用场合（如介质腐蚀、不允许泄漏等）的；

③移动式压力容器中装运毒性程度为极度、高度危害或强腐蚀性介质的。

3）若安全阀出口侧有可能被腐蚀或存在外来压力源的干扰，应在安全阀出口侧设置爆破片安全装置，以保护安全阀的正常工作。

4）属于下列情况之一的被保护承压设备，可设置1个或多个爆破片安全装置与安全阀并联使用：

①防止在异常工况下压力迅速升高的；

②作为辅助安全泄放装置，考虑在有可能遇到火灾或接近不能预料的外来热源需要增加泄放面积的。

7. 储罐日常巡回检查的内容有哪些?

（1）检查储罐及呼吸阀有无泄漏，进出物料时检查罐体有无变形、抽瘪现象。

（2）检查浮顶罐的外浮顶是否沉没，转动扶梯有无错位、脱轨现象。

（3）检查浮顶罐的排水管中是否有油，内浮顶浮盘上是否有积油，储罐基础的信号孔是否有油及水渗出现象。

（4）储罐的温度、压力、液位等指示及报警是否完好。

（5）检查与储罐相接的工艺管道位移情况及密封面是否有泄漏现象。

（6）检查氮封阀前后压力是否符合操作规程要求。

（7）检查储罐基础是否完好。

（8）检查防雷接地线是否完好。

8. 常压储罐的检修周期及检修内容有哪些要求?

（1）常压储罐2~4年检修一次，或与装置检修同步进行。

（2）检修内容

1）检查外部防腐或保温、保冷层（如设备有这些防护）以及铭牌等，修补损坏区域。

2）检查容器有无变形、凹陷、鼓包及渗漏等，修理缺陷处。

3）检查容器以及各接管连接焊缝有无渗漏和裂缝等，修理缺陷处。对易产生应力腐蚀的容器焊缝，应进行表面无损检测。

4）检查容器内部衬里或防腐层有无变形、腐蚀、裂纹和损坏，修理缺陷处。

5）检查容器内件及焊缝有无变形、腐蚀、裂纹和损坏，修理缺陷处。

6）检查安全附件。

7）检查设备基础有无裂纹、破损、倾斜和下沉，修理缺陷区域。

9. 储罐技术档案主要包括哪些内容？

储罐使用单位应逐台建立储罐的技术档案并且由其管理部门统一保存，技术档案至少应包括以下资料：

（1）储罐使用登记证；

（2）储罐设计、施工技术文件和资料；

（3）储罐的年度检查、定期检验及安全检查报告，以及有关检验的技术文件与相关证明资料；

（4）储罐的维修和技术改造方案、图样、材料质量证明文件、施工质量证明文件等技术资料；

（5）安全附件校验、修理和更换记录；

（6）防雷、防静电设施检查和检验记录；

（7）有关事故或隐患整治的记录资料和处理报告。

10. 固定顶罐的主要附件有哪些？呼吸阀常见的故障有哪些？

固定顶罐的主要附件有呼吸阀、阻火器、人孔、透光孔、量油孔、液压安全阀、泡沫发生器等。

呼吸阀有以下常见的故障。

（1）漏气。一般是由于锈蚀，硬物划伤，阀盘的接触面、阀盘或阀座变形，以及阀盘导杆倾斜等原因造成的。

（2）卡死。一般是由于呼吸阀安装不正确或油罐变形导致阀盘导杆歪斜，以及在阀杆锈蚀的情况下，阀盘沿导杆上下运动不能到位，将阀盘卡死于某一位置造成的。

（3）堵塞。主要原因是由于呼吸阀长期未进行保养与使用，致使尘土、锈渣等杂物沉积于呼吸阀内或呼吸管内，以及蜂类或禽鸟在呼吸阀口筑巢等原因，导致呼吸阀堵塞。

（4）冻结。通常是因气温下降，空气中的水分在呼吸阀的阀体、阀座、导杆等部位凝结，进而结冰，使呼吸阀难以开启。

11. 呼吸阀检查维护的主要内容有哪些？

（1）呼吸阀阀体有无异常变化。

（2）封口网是否破损或通畅。

（3）油罐进出油作业时，呼吸阀的运行是否正常。

（4）打开顶盖，检查呼吸阀内部的阀盘、阀座、导杆、弹簧有无生锈、积垢，必要时进行清洗。

（5）阀盘运行是否灵活，有无卡死现象，密封面是否良好，必要时进行修理。

12. 阻火器的工作原理是什么？检查维护的主要内容有哪些？

（1）阻火器的工作原理。阻火器是利用阻火芯吸收热量和产生器壁效应来阻止外界火焰向罐内传播的。火焰进入阻火芯的狭长通道后被分割成许多条小股火焰，一方面散热面积增大，火焰温度降低；另一方面，在阻火芯通道内，活化分子自由基碰撞器壁的概率增加而碰撞气体分子的概率降低，由于器壁效应而使得火焰前锋的推进速度降低。这两个方面的共同作用，使火焰不能向管内传播。

（2）阻火器检查维护的主要内容。检查阻火器是否清洁畅通，有无冰冻，阻火芯是否完好，有无腐蚀现象。清洁阻火芯时，应用煤油洗去尘土和锈垢，给螺栓加油保护。

13. 气柜运行监控的主要内容有哪些？

（1）运行与维护的值班人员应随时监视气柜运行参数，并按运行维护制度的要求定期通过监控仪表和现场巡视的措施，保证气柜正常运行。

（2）监视和操作气柜的运行参数应至少包含柜容、柜内压力、活动节升降速度、活动节升起高度、进出气口的介质压力、进出气口的介质温度、水封槽中的水位等。

（3）运行过程中应包括下列监控内容及注意事项：

1）气柜升降速度不应太快；

2）气柜高度指示仪表要定期校正、指示准确；

3）气柜高度处于高限或者低限时要及时进行加减负荷操作。

（4）运行过程中的检查应包括下列内容：

1）检查进出口总管排污导淋阀是否畅通；

2）气柜进口水封如有液位指示应检查导淋阀是否关死；

3）检查水封槽水溢流量。

（5）气柜运行中监控仪表发出报警信号后，值班人员应立即查找原因，及时采取应对措施；无法确定原因时，应及时上报相关部门，以便确定原因及对策。

二、自动化控制及安全仪表系统

1. 化工企业仪表分几类，都有哪些用途？

化工企业仪表主要分为常规仪表、分析仪表、安全环保仪表及其他仪表。

（1）常规仪表。常规仪表包括检测仪表、显示或报字号仪表、控制仪表、辅助单元、执行器及其附件等，主要是指根据被测量与标准量相比较得到结果的原理制造的仪表。通过常规仪表可以对工艺生产过程中的温度、压力、流量、液位四大参数进行检测。控制仪表根据检测到的仪表示值与所要控制的示值进行偏差比较后，输出信号到执行器及其附件使其输出发生变化，直到变化后的参数符合生产的要求。

（2）分析仪表。分析仪表是指对物质的组成和性质进行分析和测量，并直接指示物质的成分及含量的仪表，包括在线分析仪表、化验室分析仪器。在线分析仪表用于连续生产过程，能自动采样，自动分析，自动指示、记录、打印分析结果，如烟气氧含量分析仪、物料 pH 值在线分析仪等。实验室仪表是由人工现场采样，然后由人工进行分析，分析结果一般较为准确。

（3）安全环保仪表。安全环保仪表包括可燃气体检测报警器，有毒气体检测报警器，氨氮分析仪，化学需氧量（COD）分析仪，烟气排放二氧化硫分析仪，外排废水、废气流量计，振动/位移检测仪表，调速器，标准仪器，工业电视监控系统等。主要用于测量、监视、报警、联锁、数据上传等。

2. 什么是 DCS？DCS 的基本构成是什么？

DCS（Distributed Control System）又称集中分散控制系统（简称集散控制系统），也称分布式控制系统，是集计算机技术、控制技术、通信技术和阴极射线管（CRT）技术于一体的综合性高技术产品。DCS 通过操作站对整个工艺过程进行集中监视、操作、管理，通过控制站对工艺过程各部分进行分散控制，既不同于常规的仪表控制系统，又不同于集中式的计算机控制系统，而是集中了两者的优点，克服了它们各自的不足。DCS 以其可靠性、灵活性、人机界面友好性及通信的方便性等特点日益被广泛应用。

DCS 概括起来可分为三大部分：集中管理部分、分散控制监测部分和通信部分。其中，集中管理部分又可分为操作站、工程师站和上位计算机。

操作站是由微处理器、CRT、键盘、打印机等组成的人机系统，实现集中显示、集中操作和集中管理的功能。工程师站主要用于组态和维护，上位计算机用于全系统的信息管理和优化控制。

分散控制监测部分按功能可分为现场控制站和现场监测站。现场控制站由微处理器、存储器、I/O 输入输出板、A/D 和 D/A 转换器、内总线、电源和通信接口等组成，可以控制多个回路，具有较强的运算能力和各种控制算法功能，可自主地完成回路控制任务，实现分散控制。现场监测站（或称为数据采集装置）也是微计算机结构，主要是采集非控制变量以进行数据处理，并将某个采集的过程信息经高速数据公路送到上位计算机。

通信部分又称高速数据通路，是实现分散控制和集中管理的关键。其连接 DCS 的操作站、工程师站、上位计算机、控制站和监测站等各个部分，完成数据、指令及其他信息的传递。

3. 仪表控制系统和仪表联锁保护系统分别包括哪些内容，各有什么作用？

仪表控制系统包括集散控制系统（DCS）、可编程控制系统（PLC）、机组控制系统（CCS）、工业控制计算机系统（IPC）、监控和数据采集系统（SCADA）等。

仪表联锁保护系统包括紧急停车系统（ESD）、安全仪表系统（SIS）、安全停车系统（SSD）、安全保护系统（SPS）、逻辑运算器、继电器等。

（1）仪表控制系统的作用

1）实时数据处理。对来自测量变送装置的被控变量数据进行巡回采集、分析处理、性能计算及显示、记录、制表等。

2）实时监督决策。对系统中的各种数据进行超限报警、事故预报与处理，根据需要进行设备启停，对整个系统进行诊断与管理等。

3）实时控制及输出。根据生产过程的特点和控制要求，选择合适的规律，包括复杂的先进控制策略，然后按照给定的控制策略和实时的生产情况，实现在线、实时控制。

（2）仪表联锁保护系统的作用。仪表联锁保护系统用于监视生产装置或独立单元的操作，如果生产过程超出安全操作范围，可以使其进入安全状态，确保装置或独立单元具有一定的安全度。安全仪表系统不同于批量控制、顺序控制及过程控制的工艺联锁，当过程变量（温度、压力、流量、液位等）超限，机械设备故障，系统本身故障或能源中断时，安全仪表系统能自动（必要时可手动）地完成预先设定的动作，使操作人员、工艺装置处于安全状态。

4. 仪表设备易出现哪些问题？有何影响？

在仪表的设计、安装和使用维护中稍有闪失，就可能会造成仪表故障，从而波及生产的安全和稳定，影响产品质量，引发装置停车，带来巨大的经济损失。

（1）常规仪表故障及其影响。多数仪表故障出现在与被测量介质相接触的传感器和调节阀上，这类故障数量超过60%。

（2）仪表系统性故障及其影响。仪表机柜电源是控制系统的命脉。当仪表机柜电源发生不输出的故障时，操作人员对所有的监控数据无法把握，必定会造成所控制的装置生产波动，引发装置停车。

（3）当仪表气源发生停气或压力下降的故障时，装置所有的控制阀门将回到自然状态，也就是设计时所选择的安全状态，这种情况下生产装置的介质及设备会处于"保险"状态，不会引起超温、超压，但会引起装置停车。

（4）当控制系统发生死机时，一般情况下所有的操作会失去控制，造成装置停车。当安全仪表系统中联锁回路的检测、控制设备及相关附件发生故障时，也会引起生产波动，关键参数还可能互相影响而导致装置停车。

5. 联锁保护系统的基本功能和动作都有哪些？

（1）保证正常运转，事故联锁。联锁保护系统的设计必须保证装置和设备的正常开、停、运转。在工艺过程发生异常情况时，联锁保护系统能按规定的程序实现紧急操作、自动切换和自动投入备用系统或安全停车、紧急停车。

（2）联锁报警。联锁保护系统动作时，同时声光报警，以引起操作人员的注意。由于联锁保护系统是在危急情况下才动作，所以表示系统动作的灯光、声响对操作者来说是很重要的。一般情况下，联锁报警和信号报警系统的声响应该有明显的区别，使操作者易于辨识。

（3）联锁动作和投运显示。联锁动作时，应按工艺要求使相应的执行机构动作，实现紧急操作、紧急切断、紧急开启或者自动投入备用系统或实现安全停车，也可人为紧急停车。

一般情况下，正常时联锁保护系统不动作，报警灯不亮，执行机构不动作；事故发生后，联锁保护系统动作，报警灯亮，执行机构动作。

为装置正常开、停、运转所必要的联锁保护系统，应有明显的投运标志，一些重要的联锁保护系统投运，应用明显的灯光来标识此系统已投运。联锁保护系统的解除开关一般装在盘后。

6. 化工安全仪表系统包括哪些内容？

化工安全仪表系统（SIS）包括安全联锁系统、紧急停车系统和有毒有害、可燃气体及火灾检测保护系统等。安全仪表系统独立于过程控制系统（如分散控制系统等），生产正常时处于休眠或静止状态，一旦生产装置或设施出现可能导致安全事故的情况时，能够瞬间准确动作，使生产过程安全停止运行或自动导入预定的安全状态。

根据安全仪表功能失效产生的后果及风险，将安全仪表功能划分为不同的安全完整性等级。不同等级安全仪表回路在设计、制造、安装调试和操作维护方面技术要求不同。

7. 安全仪表系统由哪些基本单元组成？

安全仪表系统基本单元包括传感器单元、逻辑运算单元和最终执行元件。

（1）传感器单元。采用多台仪表或系统，将控制功能与安全联锁功能隔离。即遵守传感器分开配置原则，做到安全仪表系统与过程控制系统的实体分离。

（2）逻辑运算单元。由输入模块、控制模块、诊断回路、输出模块 4 部分组成。依据逻辑运算单元自动进行周期性故障诊断，基于自诊断测试的安全仪表系统具有特殊的硬件设计，借助于安全性诊断测试技术保证安全性。逻辑运算单元可以实现在线诊断 SIS 的故障。

（3）最终执行元件（切断阀、电磁阀）。这是安全仪表系统中危险性最高的设备。由于安全仪表系统在正常工况时是静态的、被动的，系统输出不变，最终执行元件一直保持在原有的状态，很难确认最终执行元件是否有危险故障。在正常工况时，过程控制系统是动态的、主动的，控制阀门动作随控制信号的变化而变化，不会长期停留在某一位置。因此，要选择符合安全度等级要求的控制阀及配套的电磁阀作为安全仪表系统的最终执行元件。

8. 储罐仪表选用和安装有哪些要求？

（1）压力储罐应设压力就地指示仪表和压力远传仪表。压力就地指示仪表和压力远传仪表不得共用一个开口。

（2）压力储罐液位测量应设一套远传仪表和一套就地指示仪表，就地指示仪表不应选用玻璃板液位计。

（3）液位测量远传仪表应设高低液位报警。高液位报警的设定高度应为储罐的设计储存高液位。低液位报警的设定高度应满足从报警开始 10~15 min 内泵不会汽蚀的要求。

（4）压力储罐应另设一套专用于高高液位报警并联锁切断储罐进料管道阀门的液位测量仪表或液位开关。高高液位报警的设定高度，不应大于液相体积达到储罐计算容积的90%时的高度。

（5）压力储罐应设温度测量仪表。

（6）压力储罐的压力、液位和温度测量信号应传送至控制室集中显示。

（7）压力储罐上温度计的安装位置，应保证在最低液位时能测量液相的温度，并便于观察和维修。

（8）压力储罐罐组应设可燃气体或有毒气体检测报警系统，并应符合《石油化工可燃气体和有毒气体检测报警设计标准》（GB/T 50493—2019）的规定。

（9）罐顶的仪表或仪表元件宜布置在罐顶梯子平台附近。

9. 在对气体报警装置的维护过程中应注意哪些事项?

（1）日常巡回检查时，要检查指示、报警是否工作正常，检查检测器是否意外进水。

（2）根据环境条件和仪表工作状况，定期通气、检查和试验检测报警器是否正常。

（3）可燃气体检测报警器的检定按照《可燃气体检测报警器》（JJG 693—2011）要求每年至少进行一次检定。

（4）可燃气体和有毒气体检测报警器出现故障时应及时修复，若不能修复，必须通知使用单位，并上报相关部门备案。

（5）维护工作应该由专业人员负责，并做好记录。

三、重大危险源安全监控系统

1. 重大危险源罐区安全监控装备的管理要求有哪些?

重大危险源罐区安全监控装备的管理要求包括三个方面：一是安全监控装备的可靠性保障；二是安全监控装备的检查和维护；三是安全监控装备的日常管理。

（1）安全监控装备的可靠性保障

1）按照相关标准规范的规定，正确设置和施工，避免设置和施工的不规范而造成故障。

2）在设置时，应考虑安全监控系统的故障诊断和报警功能。

3）对于重要的监控仪器设备，应有"冗余"设置，以便在监控仪器设备出现故障时，及时切换。

4）在设置安全监控装备时，要充分考虑仪器设备的安装使用环境和条件，为正确选型提供依据。

5）对于环境空气中有害物质的自动监测报警仪器，要求正确设置监测报警点的数量和位置。对现场裸露的监控仪器设备采取防水、防尘和抗干扰措施。

（2）安全监控装备的检查和维护

1）安全监控装备应定期进行检查、维护和校验，保持其正常运行。

2）强制计量检定的仪器和装置，应按有关标准的规定进行计量检定，保持其监控的准确性。

3）安全监控项目中，对需要定期更换的仪器或设备应根据相关规定处理。

（3）安全监控装备的日常管理

1）安全监控项目应建立档案，内容包括监控对象和监控点所在位置、监控方案及其主要装备的名称、监控装备运行和维修记录。

2）在安全监控点宜设立醒目的标志。安全监控设备的表面宜涂醒目漆色，包括接线盒与电缆，易于与其他设备区分，利于管理维护。

3）安全监控装备应分类管理，并根据类别制定相应的管理方案。

4）建立安全监控装备的管理责任制，明确各级管理人员、仪器的维护人员及其责任。

2. 气体检测报警传感器的选用原则是什么？

（1）根据被检测气体种类和环境条件等因素选择传感器类型，应考虑其选择性、抗干扰和抵抗环境能力，特别要避开对传感器有害的物质。

（2）在满足精度、稳定性和响应时间等技术要求的情况下，可选择经济、安装使用方便的传感器。

（3）可燃气体的检测报警，一般选用催化燃烧式可燃气体检测报警仪，也可选用红外式、半导体式或光纤式等仪器，微量泄漏时可优先选用半导体式。当可燃气体检测的环境空气中含有少量能使催化燃烧元件中毒的硫、磷、砷、卤素、硅的化合物时，应选择抗中毒的催化燃烧式元件。当引起元件中毒的物质含量较大时，应选择其他类型检测仪。

（4）现场可燃气体以烷烃类为主时，可优先选用红外式可燃气体检测报警仪。

（5）常见无机毒性气体检测报警，可优先选用定电位电解式有毒气体检测报警仪。

（6）电离电位低于紫外光能的有机毒性气体等检测报警，当气体组分明确时，可优先选用光电离有毒气体检测报警仪（PID）。

（7）有毒气体的检测报警，也可选择相应的红外式和光纤式等其他类型的检测报警仪。

3. 重大危险源安全监控档案应有哪些内容？

（1）监控对象和监控点所在位置，如重大危险源设备设施布局图、库房内危险化学品存放布置图、监测点布置图以及摄像头布置图等。

（2）监控方案及其主要装备的名称。

（3）报警和处置记录。

（4）监控装备运行和维修记录等。

4. 紧急切断阀的选用及管理要求有哪些？

（1）在选用气动紧急切断阀时应注意选用故障安全型紧急切断阀。为避免在应急状态下仪表风中断，影响紧急切断阀正常工作，需配置储气罐。

（2）在选用电动紧急切断阀时，应选用蓄能型紧急切断阀，失电关闭，采用耐高温、阻燃型的电缆。

（3）应在系统调试时进行系统断电测试，确认动作正确，避免 DCS 或 SIS 存在逻辑错误。

❓ 思考题

1. 请简述储罐的主要类别。
2. 请简述常压储罐的检修周期及检修内容。
3. 安全仪表系统包括哪些基本单元？

第六节　重大危险源安全监测预警

一、重大危险源监测信息采集

1. 危险化学品重大危险源罐区监控预警参数包括哪些？

罐区监控预警参数的选择主要以预防和控制重大工业事故为出发点，根据对罐区危险及有害因素的分析，结合储罐的结构和材料、储存介质特性以及罐区环境条件等的不同，选取不同的监控预警参数。

罐区监控预警参数一般包括罐内介质的液位、温度、压力等工艺参数，罐区内可燃/有毒气体的浓度、明火以及气象参数和音视频信号等。主要的预警和报警指标包括与液位相关的高低液位超限，温度、压力、流速和流量超限，空气中可燃和有毒气体浓度、明火源和风速等超限及异常情况。

2. 重大危险源罐区报警和预警装置的预（报）警值应如何确定？

（1）温度报警至少分为两级。第一级报警阈值为正常工作温度的上限，第二级为第一级报警阈值的 1.25～2 倍，且应低于介质闪点或燃点等危险值。

（2）液位报警高低位至少各设置一级，报警阈值分别为高位限和低位限。

（3）压力报警高限至少设置两级。第一级报警阈值为正常工作压力的上限，第二级为容器设计压力的 80%，并应低于安全阀设定值。

（4）风速报警高限设置一级，报警阈值为风速 13.8 m/s（相当于 6 级风）。

3. 可燃气体和有毒气体检测报警系统应如何设置？如何管理？

设置可燃气体和有毒气体检测报警系统的目的是检测泄漏的可燃气体和有毒气体浓度并及时报警，预防人身伤害以及火灾、爆炸事故的发生。根据《石油化工可燃气体和有毒气体检测报警设计标准》（GB/T 50493—2019）规定，可燃气体是指甲类气体或甲、乙$_A$类可燃液体气化后形成的可燃气体或可燃蒸气；有毒气体是指劳动者在职业活动过程中，通过皮肤接触或呼吸可导致死亡或永久性健康伤害的毒性气体或毒性蒸气。

（1）在生产或使用可燃气体及有毒气体的工艺装置和储运设施的区域内，对可能发生可燃气体和有毒气体的泄漏进行探测时，应按下列规定设置可燃气体和有毒气体检（探）测器。

1）可燃气体或含有毒气体的可燃气体泄漏时，可燃气体浓度可能达到 25%（体积分数）爆炸下限，但有毒气体不会超过最高容许浓度时，应设置可燃气体检（探）测器。

2）有毒气体或含有可燃气体的有毒气体泄漏时，有毒气体浓度可能超过最高容许浓度，但可燃气体浓度不会达到 25%（体积分数）爆炸下限时，应该设置有毒气体检（探）测器。

3）可燃气体与有毒气体同时存在的场所，可燃气体浓度可能达到 25%（体积分数）爆炸下限，有毒气体的浓度也可能超过最高容许浓度时，应分别设置可燃气体和有毒气体检（探）测器。

4）同一种气体，既属可燃气体又属有毒气体时，应只设置有毒气体检（探）测器。

（2）可燃气体和有毒气体的检测系统应采用两级报警。可燃气体和有毒气体检测的一级报警为常规的气体泄漏警示报警，提示操作人员及时到现场巡检。当可燃气体和有毒气体浓度达到二级报警值时，提示操作人员应采取紧急处理措施。当需要采用联动保护时，二级报警的输出接点信号可供使用。现场发生可燃气体和有毒气体泄漏事故时，为了保护现场工作人员的身体健康，对同时发出的有毒气体和可燃气体的检测报警信号的处理，应遵循二级报警优先于一级报警、属同一报警级别时有毒气体报警级别优先的原则。

（3）工艺有特殊需要或在正常运行时人员不得进入的危险场所，宜对可燃气体和有毒气体释放源进行连续检测、指示、报警，并对报警进行记录或打印，以便随时观察发展趋势和留作档案资料。

（4）通常情况下，工艺装置或储运设施的控制室、现场操作室是操作人员常驻和能够采取措施的场所。现场发生可燃气体和有毒气体泄漏事故时，报警信号应使现场报警器报警，提示现场人员采取措施。同时，报警信号发送至操作人员常驻的控制室、现场操作室等进行报警，有利于控制室、现场操作室的操作人员及时采取措施。

（5）装置区域内现场报警器的布置应根据装置区的面积、设备及建（构）筑物的布置、释放源的理化性质和现场空气流动特点综合确定。当现场仅只需要布置数量有限的可燃气体和有毒气体检（探）测器时，在不影响现场报警效果的条件下，现场报警器可与可燃气体和有毒气体报警器探头合体设置。当现场需要布置数量众多的可燃气体和有毒气体检（探）测器时，现场报警器应与可燃气体和有毒气体检（探）测器分离设置，并根据现场情况，提出声光警示要求，分区布置。

（6）可燃气体和有毒气体检测报警系统应独立设置。独立设置是指可燃气体和有毒气体检测报警系统的检测与发出报警信号的功能，不受对应装置生产控制仪表系统故障的影响。

（7）便携式可燃气体和有毒气体检测报警器的配备，应根据生产装置的场地条件、工艺介质的易燃易爆特性及毒性，以及操作人员的数量等综合确定。受生产现场场地条件和气象条件所限，可燃气体和有毒气体检（探）测器的设置常常难以反映出释放源的准确地点和方位，为保障人身安全，对于在现场巡检和操作的工作人员，配备便携式可燃气体和有毒气体检（探）测仪可提高安全工作效率。

（8）现场固定安装的可燃气体和有毒气体检测报警系统，宜采用不间断电源（UPS）供电。

4. 气体检测报警器的安装应遵循哪些要求?

（1）检测比空气重的可燃气体检（探）测器，其安装高度应距地坪（或楼地板）0.3~0.6 m。检测比空气重的有毒气体的检（探）测器，应靠近泄漏点，其安装高度应距地坪（或楼地板）0.3~0.6 m。过低易造成因雨水淋溅对检（探）测器的损害；过高则超出了比空气重的气体易于积聚的高度。气体密度大于 0.97 kg/m³（标准状态下）的即认为比空气重，气体密度小于 0.97 kg/m³（标准状态下）的即认为比空气轻。

（2）检测比空气轻的可燃气体，检（探）测器高出释放源所在高度 0.5~2 m，且与释放源的水平距离适当减小至适宜范围，可以尽快地检测到可燃气体。当检测指定部位的氢气泄漏时，检（探）测器宜安装在释放源周围及上方 1 m 的范围内，太远则由于氢气的迅速扩散上升，起不到检测效果。检测与空气相对分子质量接近且极易与空气混合的有毒气体时，检（探）测器应安装在距释放源上下 1 m 的高度范围内。有毒气体比空气稍轻时，检（探）测器应安装在释放源上方；有毒气体比空气稍重时，检（探）测器应安装在释放源下方；检（探）测器距释放源的水平距离以不超过 1 m 为宜。

（3）检（探）测器应安装在无冲击、无振动、无强电磁场干扰、易于检修的场所，安装探头的地点与周边管线或设备之间应留有不小于 0.5 m 的净空和出入通道。检（探）测器的安装与接线技术要求应符合制造厂的规定，并应符合《爆炸危险环境电力装置设计规范》（GB 50058—2014）的规定。

（4）指示报警设备应安装在有人值守的控制室、现场操作室等内部，现场报警器应就近安装在检（探）测器所在的区域。

二、重大危险源监测信息上报与管理

1. 危险化学品安全生产风险监测预警系统预警信息发送原则是什么? 收到信息后企业负责人应如何处置? 针对报警预警信息有哪些督办措施?

（1）监测预警系统根据预警级别，即时自动依程序规定向企业重大危险源三级包保责任人和县（化工园区）、市、省和国家应急管理部门发送预警信息。

黄色预警自动发送给企业重大危险源三级包保责任人和县（化工园区）应急管理部门。

橙色预警自动发送给企业重大危险源三级包保责任人和县（化工园区）、市应急管理部门。

红色预警自动发送给企业重大危险源三级包保责任人和县（化工园区）、市、省应急管理部门，并自动发送应急管理部中国安全生产科学研究院安全生产风险监测预警中心。

（2）收到预警信息后，企业重大危险源包保责任人应第一时间组织确认，根据警情和现场情况采取措施，及时整改，直至消警。

企业消警后应在1 h内通过监测预警系统上报处置结果、原因分析、整改措施。

（3）收到黄色预警信息后，县（化工园区）应急管理部门负责跟踪处置情况，1 h内未处置降级的，监测预警系统自动向企业发出警示通报，并且在降级前，每小时推送1次；对24 h内仍未降级的，组织现场核查督办。

收到橙色预警信息后，市应急管理部门负责跟踪处置情况，1 h内未处置降级的，系统自动向县（化工园区）应急管理部门发出警示通报，并且在降级前，每小时推送1次；对12 h内仍未降级的，组织现场核查督办。

收到红色预警信息后，省应急管理部门负责跟踪处置情况，30 min内未处置降级的，系统自动向市应急管理部门发出警示通报，并且在降级前，每30 min推送1次；对2 h内仍未降级的，组织现场核查督办。

2. 针对危险化学品安全生产风险监测预警系统数据，应如何对其质量进行管理？

监测预警系统监测监控数据是指按照《危险化学品安全生产风险监测预警系统数据接入规范》（以下简称《接入规范》）要求，接入的企业基础数据、实时监测数据、视频监控数据以及安全承诺公告和重大危险源包保信息等数据。监测预警系统监测监控数据应按照真实、即时、完整、规范、准确的要求，客观反映企业安全生产状况和变化趋势。

监测预警系统接入范围应覆盖所有重大危险源以及全厂区可燃、有毒有害气体监测点位，每个重大危险源数据接入应符合《接入规范》要求，不得遗漏或选择性接入。储罐、装置和仓库的名称应规范准确、清晰可区分、位置明确。

重大危险源及其重点部位的监测指标数据应真实全面反映其安全状态；应标明设备设施类型、物料介质及其形态；监测指标数据应注明单位，并设置符合逻辑且反映生产安全临界状态的阈值范围；同类监测数据的名称应明确区分，可通过前缀或后缀描述详细差别予以区分；同一设备设施的监测数据应统一关联到同一名称的设备设施上，可燃、有毒气体指标应明确关联相关设备、设施、位置等具体信息。

重大危险源及其重点部位的视频监控数据应直观全面反映其现场状态；监控摄像角度应能捕捉关键要素，应能显示设备、装置、储罐、库区等的关键风险部位及中控室人员值班状态。

任何单位和个人应遵守相关法律法规要求，不得关闭、破坏直接关系生产安全的监控、报警设备、设施，或者篡改、隐瞒、销毁其相关数据、信息。不得擅自停用、摘除、损毁监测预警设备设施；不得擅自变动监测预警设备设施的布局和点位；不得伪造、篡改监测数据；严禁无故停电、断电、断网、遮挡摄像头等人为干扰和破坏系统实时监测的行为。

如有停产检修计划或设备设施损坏等情况，应及时向上级应急管理部门报备或反馈。

企业应做好动态感知、自动报警、采集传输、自动化控制、互联网专线等设备设施的日常维护管理和安全防护，确保监测预警系统 24 h 安全运行和在线传输。

3. 企业应如何对危险化学品安全生产风险监测预警系统开展常态化管理？

（1）保持重大危险源监测监控设备完好，确保符合重大危险源管理要求。企业自身工业控制系统、视频监控系统等不满足接入条件或存在不稳定等情况的，应及时升级改造相关系统以达到接入要求，并保障数据的稳定接入传输。

（2）严格按照《接入规范》要求接入监测监控数据，确保应接尽接、规范完整、真实准确。严禁关闭、破坏重大危险源的监测监控和报警设备、设施，或者篡改、隐瞒、销毁其相关数据、信息。

（3）严格落实危险化学品企业安全风险研判与承诺公告制度，在各级安全风险研判基础上，企业主要负责人每天 10 时前公开承诺公告，公告内容应至少包括装置开停情况、特殊作业情况、安全风险研判情况、措施采取情况等，确保公告信息完整、真实。严格落实重大危险源安全包保责任制，确保三级包保责任人信息真实准确、动态更新。压实各级包保责任人责任，严格落实报警、预警信息的处置管理要求，确保及时消警、有效管控安全风险。根据报警预警信息，深入查找风险隐患根源，制定落实整改措施，从根本上消除隐患。

❓ 思考题

1. 建立危险化学品安全生产风险监测预警机制的意义是什么？

2. 结合《中华人民共和国安全生产法》相关要求和重大危险源安全包保责任制内容，企业应如何完善各专业技术岗位风险监测预警职责？

第七节　重大危险源储运安全

一、危险化学品储存风险分析

1. 危险化学品储存过程中存在的风险有哪些？

危险化学品在储存过程中，除了具有自身危险化学品物理危险性、性质相互抵触的物品混存、超量储存等的危险因素之外，储存设备设施欠缺、安全设施保护失效、作业人员违章操作、仓储管理制度欠缺以及外部环境不良等均是重要的危险因素。综合来说，主要存在以下风险。

（1）火灾爆炸的风险。产生这类风险的主要原因是禁忌物品混放、明火源控制不严、车辆不防爆、设备出现老化、未设置静电释放器、产品变质等，还有的如危险化学品由于经过较长时间的储存导致保持剂或润湿剂流散、附近场所动火作业防护不到位、其他外界因素（雷电冲击、线路浪涌）等同样可能导致火灾爆炸的产生。

（2）危险化学品泄漏的风险。产生这类风险的主要原因是：

1）设备、技术方面存在问题。如设备质量达不到有关技术标准的要求；防爆炸、防火灾、防雷击、防污染等设施不齐全或不合理，维护管理不落实等；设备老化、带病运行。化工生产流程中，一般都有一定的压力、温度，甚至高温、高压，不少原料、中间体和产品具有腐蚀性，极易导致设备老化、故障，使各种管、阀、泵、室、塔、釜、罐等产生跑、冒、滴、漏。

2）违反操作规程、储存规范，导致出现泄漏等。作业人员素质不高，缺乏严格、系统的培训，加之规章制度不落实、劳动纪律涣散，作业人员操作不当易造成包装损坏、物料泄漏等，也会导致危险化学品泄漏。

（3）人员中毒的风险。作业人员对危险化学品的性质不了解，在作业中没有做好个人防护措施。在进行毒害品泄漏处置中，由于抢险人员长时间接触毒害品，导致其吸入大量的有害物，最终导致中毒事故的发生。

（4）人员灼伤的风险。危险化学品储存过程中出现容器破损、装卸操作不当、操作人员防护装备不全等均可能发生灼伤的风险。

（5）装载易燃易爆危险化学品的重大危险源单个储罐发生事故后，会波及相邻储罐，引发二次事故的风险。如发生多米诺效应，造成相邻储罐或球罐发生火灾爆炸事故。

（6）低温罐储存过程中的风险

1）低温脆性造成破坏。

2）储罐与基础连接的部分由于土地中的水分冻结将罐底拱起，或者由于基础的温差造成弯曲破坏。

3）气温上升使罐中的内压上升，造成夹套壁罐的内壁破坏，造成泄漏；设置拦油（液）堤留出安全距离不足，导致泄漏发生火灾蔓延。

2. 危险化学品仓库管理风险有哪些?

危险化学品仓库管理不到位，会导致各类风险和隐患，常见的管理风险如下。

（1）低能库。危险化学品仓库根据储存物质的危险系数，耐火等级一般应该在二级以上。低能库是指库房耐火等级不能达到标准要求，如仓库棚顶钢结构未做阻燃处理、防火墙耐火时间不够等。

（2）仓库变厂房。在危险化学品仓库从事非仓储作业，如违章在仓库进行危险化学品分装、包装或开桶作业，甚至建筑装修、机械修理作业等。

（3）专库变杂库。危险化学品不能专库储存，如大量其他物品特别是可燃易燃物品混放仓库。

（4）禁忌库。种类不同的危险化学品同储一库，如灭火方式不同的危险化学品、酸碱等同储一库。

（5）黑库。私自建设未经审批的危险化学品库或租用不符合安全条件的库房储存危险化学品，如乙类库房放置甲类物质、临时搭棚存放遇水易燃物质等。

（6）人居库。在危险化学品仓库留人住宿或设置办公室。

（7）带电库。危险化学品仓库内设置电源开关，电气线路、照明灯具达不到防爆的要求等。

（8）拥挤库。危险化学品仓库物品码放混乱，"五距"不足。

二、危险化学品储存管理要求

1. 危险化学品储存场所应符合哪些管理要求?

危险化学品的储存场所除应满足《危险化学品安全管理条例》规定的选址要求外，还应满足以下要求。

（1）生产、储存危险化学品的单位，应当根据其生产、储存的危险化学品的种类和危险特性，在作业场所设置相应的监测、监控、通风、防晒、调温、防火、灭火、防爆、泄压、防毒、中和、防潮、防雷、防静电、防腐、防泄漏以及防护围堤或者隔离操作等安全设施、设备，并按照国家标准、行业标准或者国家有关规定对安全设施、设备进行经常性维护、保养，保证安全设施、设备的正常使用。

生产、储存危险化学品的单位，应当在其作业场所和安全设施、设备上设置明显的安全警示标志。

（2）生产、储存危险化学品的单位，应当在其作业场所设置通信、报警装置，并保证其处于适用状态。

（3）生产、储存危险化学品的单位，应当委托具备国家规定的资质条件的机构，对本单位的安全生产条件每3年进行一次安全评价，提出安全评价报告。

（4）生产、储存剧毒化学品或者国务院公安部门规定的可用于制造爆炸物品的危险化学品的单位，应当如实记录其生产、储存的剧毒化学品、易制爆危险化学品的数量、流向，并采取必要的防范措施，防止剧毒化学品、易制爆危险化学品丢失或者被盗；发现被盗的情况，应当立即向当地公安机关报告。企业应当设置治安保卫机构，配备专职治安保卫人员。

（5）危险化学品应当储存在专用仓库、专用场地或者专用储存室内，并由专人负责管理，剧毒化学品以及储存数量构成重大危险源的其他危险化学品，应当在专用仓库内单独存放，并实行双人收发、双人保管制度。危险化学品的储存方式、方法以及储存数量应当符合国家标准或者国家有关规定。

（6）危险化学品储存单位应当建立危险化学品出入库核查、登记制度。

（7）危险化学品专用仓库应当符合国家标准、行业标准的要求，并设置明显的标志。储存剧毒化学品、易制爆危险化学品的专用仓库，应当按照国家有关规定设置相应的技术防范设施。储存危险化学品的单位应当对其危险化学品专用仓库的安全设施、设备定期进行检测、检验。

2. 如何做好危险化学品储罐区安全管理?

危险化学品储罐区是化工企业的重点管控区域，也是化工生产安全检查的重要部位，具体管理要点如下。

（1）甲、乙、丙类液体罐区宜位于企业边缘的安全地带，且地势较低而不窝风的独立地段。

（2）储罐区的罐间距应符合相关标准规范要求。

（3）罐区应有明显的安全标志和标识，每个危险化学品储罐应标明储存物品的名称、容积、危险特性和灭火方法。

（4）储存甲、乙类油品（易燃液体）的固定顶油罐（储罐）和地上卧式油罐的通气管的附件（如呼吸阀、安全阀）必须装设阻火器。

（5）防护堤的高度应符合规范要求；储存罐组应设防火堤或事故存液池，其有效容量不应小于其中最大储罐的容量。

（6）易燃、可燃液体和可燃气体储罐区内，不应有与储罐无关的管道、电缆等穿越，与储罐区有关的管道、电缆穿过防火（护）堤时，洞口应用不燃材料填实，电缆应采用跨越防火（护）堤方式铺设。

（7）罐区防火（护）堤的排水管应相应设置隔油池或水封井，并在出口管上设置切断阀，或在不排水时堵死出口。

（8）各种承压储罐符合我国有关压力容器的规定，其液面计、压力计、温度计、呼吸阀、阻火器、安全阀等安全附件完整好用。

（9）地上立式储罐设液位计或高、低液位报警器。

（10）液化石油气及闪点低于 28 ℃、沸点低于 85 ℃的易燃液体储罐，无绝热措施时，应设冷水喷淋设施，设施的电器开关设置在远离防火（护）堤外；储罐外壁需设置环状消防冷却水管道及消防水灭火或消防泡沫灭火设施。

（11）露天布置的塔、容器，可燃气体、液化烃、可燃液体的钢罐等，必须设防雷接地。

（12）电气设备必须有可靠的接地（接零）装置，防雷和防静电设施完好，避雷带与引入线应采用焊接连接。

（13）对爆炸、火灾危险场所内可能产生静电危险的设备和管道应采取静电接地措施。

（14）在爆炸危险区域内输送易燃易爆物料的管道，应采用跨接等防雷防静电措施。

（15）在易燃易爆物质储存场所，应设消除人体静电装置。

（16）汽车罐车、铁路罐车和装卸栈台，应设静电专用接地线（桩）。

（17）槽车进入装卸区时，需带尾气阻火器并与装卸区的静电接地卡连接。

（18）危险化学品装卸过程中作业人员应穿相应的防护衣，戴防护手套、口罩等必需的防护用具，操作中轻搬轻放，防止摩擦和撞击。

（19）危险化学品装卸前，应对搬运工具（车、船等）进行必要的通风和清扫，对装有剧毒品的车辆，卸后应洗刷干净。

3. 危险化学品仓储方式有哪些？

危险化学品的仓储方式分为隔离储存、隔开储存和分离储存。

（1）隔离储存。这是在同一房间或同一区域内，不同的物料之间分开一定的距离，非禁忌物料间用通道保持空间的储存方式。如剧毒气体、可燃气体不得与硝酸、硫酸等强酸配装和同储，与氧化性（助燃）气体、不燃气体应隔离储存。

（2）隔开储存。这是在同一建筑物或同一区域内，用隔板或墙，将禁忌物料分开的储存方式。

（3）分离储存。这是在不同的建筑物或远离所有建筑的外部区域内的储存方式。易燃液体不仅本身易燃，而且大都具有一定的毒性。

4. 各类危险化学品储存要求有哪些？

危险化学品储存安排取决于危险化学品分类、分项、容器类型、储存方式和消防的要求。不同储存方式的储存要求参考表2-1。

表2-1　　　　　　　　不同储存方式的储存要求

储存要求＼储存类别	露天储存	隔离储存	隔开储存	分离储存
平均单位面积储存量，t/m^2	1.0~1.5	0.5	0.7	0.7
单一储存最大储量，t	2 000~2 400	200~300	200~300	400~600
垛距限制，m	2	0.3~0.5	0.3~0.5	0.3~0.5
通道宽度，m	4~6	1~2	1~2	5
墙距宽度，m	2	0.3~0.5	0.3~0.5	0.3~0.5
与禁忌品距离，m	10	不得同库储存	不得同库储存	7~10

在满足表 2-1 要求的同时，还必须注意如下要求。

（1）遇火、遇热、遇潮能引起燃烧、爆炸或发生化学反应，产生有毒气体的危险化学品不得在露天或在潮湿、积水的建筑物中储存。

（2）受日光照射能发生化学反应引起燃烧、爆炸、分解、化合或能产生有毒气体的危险化学品应储存在一级建筑物中。其包装应采取避光措施。

（3）爆炸物品不准和其他类物品同储，必须单独隔离限量储存，仓库不准建在城镇，还应与周围建筑、交通干道、输电线路保持一定安全距离。

（4）压缩气体和液化气体必须与爆炸物品、氧化剂、易燃物品、自燃物品、腐蚀性物品隔离储存。易燃气体不得与助燃气体、剧毒气体同储。氧气不得与油脂混合储存。盛装液化气体的容器属压力容器的，必须有压力表、安全阀、紧急切断装置，并定期检查，不得超装。

（5）易燃液体、遇湿易燃物品、易燃固体不得与氧化剂混合储存，具有还原性的氧化剂应单独存放。

（6）有毒物品应储存在阴凉、通风、干燥的场所，不要露天存放，不要接近酸类物质。

（7）腐蚀性物品包装必须严密，不允许泄漏，严禁与液化气体和其他物品共存。

5. 危险化学品出入库管理应遵循哪些原则？

（1）储存危险化学品的仓库必须建立严格的出入库管理制度。

（2）危险化学品出入库前均应按合同进行检查验收、登记，验收内容至少包括危险化学品的数量、包装、标志等，经核对后方可入库、出库，当物品性质不清时不得入库、出库。

（3）进入危险化学品储存区域的人员、机动车辆和作业车辆，必须采取防火措施。

（4）装卸、搬运危险化学品时应按有关操作要求进行，做到轻装、轻卸，严禁摔、碰、撞、击、拖拉、倾倒和滚动。

（5）装卸有毒害性及腐蚀性的物品时，操作人员应根据其危险特性穿戴相应的防护用品。

（6）严禁用同一车辆运输性质禁忌的化学品。

（7）修补、换装、清扫、装卸易燃易爆物料时，应使用不产生火花的铜制、合金制或其他工具。

6. 硝酸铵储存过程中安全注意事项有哪些?

（1）硝酸铵的储存场地应洁净、阴凉、干燥、通风良好，避免阳光直晒，并远离火种和热源。储存硝酸铵的仓库应保持温度低于30 ℃、湿度低于80%。

（2）硝酸铵储存过程中，禁止混入硫、磷、硝酸钠、亚硝酸钠及其还原类物质，硫酸、盐酸、硝酸等酸类物质，易燃物、可燃物，锌、铜、镍、铅、锑、镉等活性金属。

（3）硝酸铵溶液的储存罐区应设独立罐区，单个罐区存量最高不超过1 000 m^3，单个储罐最大储量不超过200 m^3。储罐所有材质应选用不低于SUS304标准的不锈钢，罐区上方及地下严禁有其他油、燃气等无关物料管线通过。

（4）硝酸铵固体储存应设置独立的储存设施，包括专用仓库、临时堆场。仓库的墙、柱、梁、楼板、屋顶等库内建筑构件必须采用不燃性材料建造。

（5）进入硝酸铵仓库作业的机动车应加装阻火器，电瓶车应为防爆型。

应急管理部等五部门联合下发的《关于进一步加强硝酸铵安全管理的通知》（应急〔2021〕64号）中规定，硝酸铵生产、经营（带储存）和使用硝酸铵的化工企业要比照《民爆物品工程设计安全标准（GB 50089—2018）》第7.1.3条的规定，单个库房存储量应不大于500 t，库房周边（50 m）不得存放易燃易爆物品、不得建有涉及易燃易爆物品的生产装置和储存设施。固体硝酸铵库房应按照《建筑设计防火规范（2018年版）》（GB 50016—2014）要求，按甲类仓库设计，单层独立建造，采用封闭结构，耐火等级不低于二级；设置甲级防火门窗。库房内须完善强制通风、远红外热成像监测报警、喷淋降温和视频监控等安全设施，库房外须设置火焰视频识别报警等安全设施，有关监测报警和视频监控信号接入危险化学品安全生产风险监测预警系统。硝酸铵生产、经营（带储存）企业和使用硝酸铵的化工企业的固体硝酸铵库房在满足上述储存条件的情况下方可储存。固体硝酸铵应严格按照《常用化学危险品贮存通则》（GB 15603—1995）第6.5条要求，不准与其他类物品同储，必须单独隔离限量储存，严禁超量储存，严禁露天储存。

7. 液氯储存过程中安全注意事项有哪些？

根据《危险化学品企业安全风险隐患排查治理导则》要求，液氯储存过程中安全注意事项如下。

（1）液氯气化器、储槽（罐）等设施设备的压力表、液位计、温度计，应装有带远传报警的安全装置。

（2）液氯储槽（罐）、计量槽、气化器中液氯充装量不应大于容器容积的80%；液氯充装结束，应采取措施，防止管道处于满液封闭状态。

（3）液氯储槽（罐）厂房应采用密闭结构，建（构）筑物设计或改造应防腐蚀；有条件时把厂房密闭结构扩大至液氯接卸作业区域；厂房密闭化同时配备事故氯处理装置。

（4）大储量液氯储槽（罐），其液氯出口管道，应装设柔性连接或者弹簧支吊架，防止因基础下沉引起安装应力。

（5）地上液氯储槽（罐）区地面应低于周围地面 0.3~0.5 m 或在储存区周边设 0.3~0.5 m 的事故围堰。

（6）液氯储槽（罐）液面计应采用两种不同方式，采用现场显示和远传液位显示仪表各一套，远传仪表宜采用罐外测量的外测式液位计。液氯储槽（罐）的就地液位指示，不得选用玻璃板液位计。

（7）液氯的实瓶不应露天堆放。

（8）在液氯储槽（罐）周围地面设置地沟和事故池，地沟与事故池贯通并加盖栅板，事故池容积应足够；液氯储槽（罐）泄漏时禁止直接向罐体喷淋水，可以在厂房、罐区围堰外围设置雾状水喷淋装置，喷淋水中可以适当加烧碱溶液，最大限度洗消氯气对空气的污染。

（9）液氯储存应至少配备一台体积最大的液氯储槽（罐）作为事故液氯应急备用受槽（罐）。

8. 氯乙烯储存过程中安全注意事项有哪些？

根据《危险化学品企业安全风险隐患排查治理导则》要求，氯乙烯储存过程中安全注意事项如下。

（1）液体氯乙烯不应直接通入气柜。

（2）氯乙烯气柜进出总管应设置压力和柜位检测，DCS 指示、报警、联锁，记录保持时间不低于 3 个月。气柜压力和柜位联锁应设置高高或低低的三选二联锁动作。

（3）氯乙烯气柜应有容积指示装置，允许容积为全容积的 20%～75%，雷雨或七级以上大风天气使用容积不应超过全容积的 60%。

（4）气柜水槽补水管线应为常开溢流，并对溢流水进行收集处理，严禁直接排至下水系统，宜采用回收曝气检测合格后外排或循环使用。

（5）氯乙烯气柜的进出口管道应设远程紧急切断阀。

（6）氯乙烯应与氧化剂分开存放，应采用压力容器进行储存。

三、危险化学品输送、装卸管理

1. 危险化学品装卸环节有哪些安全管理要求？

（1）建立危险化学品装卸环节安全管理制度，明确作业前、作业中和作业结束后各个环节的安全要求；严格执行危险化学品发货和装载查验、登记、核准的要求。

（2）建立和完善危险化学品装卸车操作规程，明确易燃易爆有毒危险化学品装卸作业时对接口连接可靠性进行确认要求。

（3）定期检查装卸场所是否符合安全要求，安全管理措施是否落实到位，应急预案及应急措施是否完备，装卸人员、驾驶人员、押运人员是否具备从业资格，装卸人员是否经培训合格上岗作业，危险化学品装卸车设施是否完好、功能是否完备。

（4）储罐切水作业、液化烃充装作业、安全风险较大的设备检维修等危险作业应制定和严格执行相应的作业程序。

1）液化烃罐区作业应实行"双人操作"，一人作业、一人监护。

2）严禁采用注水加压方式对液化烃进行倒罐置换作业。倒罐作业应采取氮气置换，机泵倒罐工艺。倒入空罐必须事先采用氮气置换，并经氧含量分析合格后方可倒入。

3）液化烃球罐切水作业必须坚持"阀开不离人"，做到"三不切水"，即夜间不切水，大雾天不切水，雷、暴雨天不切水。

4）石油化工企业在生产装置停工期间，必须保证液化烃罐区安全运行所需要的仪表风、氮气、蒸汽等公用工程的稳定供应，相关安全设施必须完好、有效。

2. 对危险化学品输送管道的安全管理要求有哪些？

液体物料输送管道安全管理要求如下。

（1）输液管道的材质一般应为钢质，安装应严格按照设计和工艺要求进行。管道相互间距、管道与建筑物间距、上下管道间的距离，均应符合有关规定。

（2）为了防止地上管道与相邻设施相互影响，地上管道应与有门窗、洞孔的建（构）筑物的墙壁保持不小于 3 m 的距离；与无门窗、洞孔的建（构）筑物的墙壁保持 1 m 以上的距离。

（3）地上管道应架设在不燃材料支撑的支架上，其保温层应是不燃物质（如玻璃棉、石棉泥、蛭石等）。地下敷设管道的管沟用耐火材料砌筑，管沟内每隔一定距离砌筑一道土坝（但要注意排水），厚度可根据实际情况确定。

（4）多条管道平行敷设时，其间距应不小于 10 cm。蒸汽管道不准和输送轻质物料的管道并行敷设。

（5）地下管道与电缆线相交，管道应设在电缆线下边不小于 1 m 的深度；与下水道相交，应设在下水道下边不小于 1.5 m 的深度。

（6）地下和明沟敷设的管道应按设计要求装配伸缩器，输送轻质物料的管道与罐阀门接合处应装设防胀管接通罐顶，以防止液体膨胀后压力上升导致管道爆破。由于温度上升，液体膨胀会引起管道压力上升，因此，连接液体管的法兰应按设计要求制作，不得随意用较薄钢板割制。而且管道每隔 200 m 应接地一处，其接地电阻不应大于 10 Ω。

（7）地下管道经过的地面上方禁止堆积各种物料。

（8）物料管道应定期进行耐压试验，试验压力应为工作压力的 1.5 倍，以衡量物料管道是否能够承受规定的压力。

3. 可燃气体、液化烃输送管道设置要求有哪些？

《石油化工企业设计防火标准（2018 年版）》（GB 50160—2008）对可燃液体、液化烃输送管道设置要求如下。

（1）可燃气体、液化烃和可燃液体的管道不得穿过与其无关的建筑物。

（2）可燃气体、液化烃和可燃液体的管道应架空或沿地敷设。必须采用管沟敷设时，应采取防止可燃气体、液化烃和可燃液体在管沟内积聚的措施，并在进、出装置及厂房处密封隔断；管沟内的污水应经水封井排入生产污水管道。

（3）氧气管道与可燃气体、液化烃和可燃液体的管道共架敷设时应布置在一侧，且平行布置时净距不应小于 500 mm，交叉布置时净距不应小于 250 mm。氧气管道与可燃气体、液化烃和可燃液体管道之间宜用公用工程管道隔开。

（4）连续操作的可燃气体管道的低点应设两道排液阀，排出的液体应排放至密闭系统；仅在开停工时使用的排液阀，可设一道阀门并加丝堵、管帽、盲板或法兰盖。

（5）甲、乙$_A$类设备和管道应有惰性气体置换设施。

4. 对储油库地上管道铺设安全管理要求有哪些？

《石油库设计规范》（GB 50074—2014）对危险化学品地上管道铺设安全管理要求如下。

（1）危险化学品地上管道不应环绕罐组布置，且不应妨碍消防车的通行。设置在防火堤与消防车道之间的管道不应妨碍消防人员通行及作业。

（2）Ⅰ、Ⅱ级毒性液体管道不应埋地敷设，并应有明显区别于其他管道的标志；必须埋地敷设时应设防护套管，并应具备检漏条件。

（3）地上管道沿道路平行布置时，与路边的距离不应小于 1 m。埋地管道沿道路平行布置时，不得敷设在路面之下。

（4）与储罐等设备连接的管道，应使其管系具有足够的柔性，并应满足设备管口的允许受力要求。

（5）在输送腐蚀性液体和Ⅰ、Ⅱ级毒性液体管道上，不宜设放空和排空装置。如必须设放空和排空装置时，应有密闭收集凝液的措施。

（6）管道内液体压力有超过管道设计压力可能的工艺管道，应在适当位置设置泄压装置。

（7）输送易凝液体或易自聚液体的管道，应分别采取防凝或防自聚措施。

（8）有毒液体管道上的阀门，其阀杆方向不应朝下或向下倾斜。

（9）酸或其他少量与皮肤接触即会产生严重生理反应或致命危险的液体，其管道和设备的法兰垫片周围宜设置安全防护罩。

5. 油品装卸作业安全要求有哪些？

（1）汽车油罐车装卸设施包括鹤管、输油管线、金属装油台等之间，应作可靠的电气连接并接地。

（2）装卸油场地的地衡、鹤管、加油枪、管线等均应跨接并设置静电接地装置。接地电阻不大于 100 Ω。

（3）汽车油罐车付油场地，应设置截面积不小于 4 mm² 的铜芯软绞线，一端连接能破漆的鳄鱼式夹钳、专用连接夹头等，以便与装卸油罐车车体连接；而另一端应连接接地装置。

（4）用于运输成品油的汽车油罐车应使用橡胶拖地带，禁止使用金属拖地带。

（5）汽车罐车的油罐内应装有挡板。禁止使用无挡板的汽车罐车装运易燃油品。

（6）油罐与车体之间的电阻不得大于 10 Ω。金属管路中任意两点间或油罐内部导电部件上及拖地胶带末端的导电通路电阻值不大于 5 Ω。

（7）汽车罐车装油时，对不同直径鹤管制定最大安全流速，不允许超过规定的最大流速。

（8）静电接地线与汽车罐车的连接应符合下列要求：

1）连接应紧密可靠，不准采用缠绕连接；

2）在打开罐盖之前进行连接，在关上罐盖之后拆除连接；

3）要接在罐车的专用接地端子板等处，不准接在装卸油口1.5 m之内。

（9）在作业过程中，要严格按照有关操作规程，进行轻质油品装卸作业。严禁不稳油2 min即进行检尺、测温、取样，或将其他物体插入罐内。

（10）罐车采用顶部装油时，装油鹤管应深入到罐底部，距罐底的距离不应大于200 mm。严禁喷溅式装轻质油。

（11）原装有高挥发性油品的油罐（含罐车）换装低挥发性油品时，要检测罐内油气浓度。当油气浓度超过爆炸下限的25%时，应进行通风排气或清洗处理。

（12）在进行易燃油品装卸作业过程中，未经批准不得进行有可能产生静电引燃火花的现场试验或测试。

（13）严禁在作业场所擦拭车辆、物品或地面等，严禁进行有可能产生静电危害的各种临时性作业。

6. 液氯充装安全要求有哪些?

（1）液氯充装压力一般不超过1.1 MPa，采用液氯气化器充装液氯时，只允许用热水加热，不得用蒸汽直接加热气化器。

（2）液氯槽罐车充装单位应采用两种以上计量方式（如地磅、流量计、液面计等），对充装的液氯槽罐车空、重车进行计量，防止超装。

（3）液氯槽罐车进入充装区域时，由岗位人员指挥司机将槽罐车停在指定位置，并将隔离杆锁上，并确认槽罐车已用手闸制动，槽罐车静电带导线与地面相接触，槽罐车轮胎加防滑块以固定槽罐车，检查车辆危险货物道路运输许可、运输车辆营运证以及驾驶人员、押运人员上岗资格等证件是否齐全。

（4）液氯充装时，应使用万向节管道充装系统，在10 m外设置远程紧急切断阀。

（5）罐车上卸液氯用的压缩空气，应经过干燥处理，保证干燥后空气含水量低于0.01%。

（6）向储罐充装前，先对卸车鹤管连接可靠性进行确认，检查连接口是否存在磨损、变形、局部缺口、胶圈或垫片老化等缺陷。

（7）充装过程中，当槽罐车压力高于储罐压力（储罐压力不高于0.4 MPa）时，缓慢打开储罐进料阀门，确认正常后，开始充装。如有必要可开启气化装置，当气化装置的气相压力超过液氯槽车压力时，打开气相阀给槽车加压，使槽车压力高于液氯储罐压力0.2 MPa左右，依次打开运输车及液氯储罐阀门，使液氯从槽车流入储罐。

（8）充装结束时，应先将罐车的阀门关闭，再关闭储罐阀门，然后将连接管线残存液氯处理干净，并做好记录。

（9）罐车液氯卸车完毕后，应通过气相连接管将罐车气体进行泄压处理。罐体内应保留有不少于充装量0.5%或100 kg的余量，且应留有不低于0.1 MPa的余压。

（10）充装完成后，岗位人员和押运人员检查卸车管道是否分离并归位密封，槽罐车上无人员，将各器具固定并收回至存放点，确认完毕后撤离隔离栏，通知押运人员指挥车辆驶离。

（11）充装完的车辆，必须经成品站复核，确保没有超装后，才能驶离厂区。

（12）充装发生紧急情况时，应停止充装作业，立即汇报，启动应急救援预案，紧急疏散和撤离。

7. 液氨充装安全要求有哪些?

（1）装卸前，操作人员要认真对运输车辆所在单位的相关资质或使用单位的相关资质、驾驶员和押运员的资质、车辆状况等进行检查和确认。

（2）检查液氨装卸车用的鹤管万向节配置的拉断阀及快装接头和卡扣是否正常，检查装卸液氨管道上设置的紧急切断阀是否正常。

（3）充装站应配备专用防化服、隔离式呼吸器、过滤罐、灭火器等，并确保完好。

（4）由工艺装置向液氨存储区输入或输出时，必须对相关工艺管道、阀门、安全附件等进行全面检查，和生产装置运行人员联合确认后，严格按照操作规程输入或输出液氨。

（5）槽车到达卸车现场后应按指定位置停放，熄火后用手闸制动，并加设防溜车挡板。

（6）卸车前首先连接好静电接地报警装置，静止 10 min 方可进行卸车作业。

（7）液氨装卸时，应对鹤管（充装臂）、密封件、快速切断阀门等进行检查，发现问题及时处理，严防泄漏。槽车充装必须使用万向充装管道系统，禁止使用软管充装。液氨充装区域内，液氨车辆数量不能超过现场充装接口的数量。

（8）现场装卸作业时，作业人员应穿戴劳动防护用品，严格执行装卸安全操作规程。开关阀门必须用防爆扳手（铜质扳手）且应缓慢开启。

（9）待槽车一切正常后，依次打开卸车液相管道上的紧急切断阀、卸氨罐根部阀、液氨泵出口阀，液氨在槽车对卸氨罐的压差下，自然流入卸氨储罐，此时卸氨作业员工应及时检查槽车、储罐的液位和压力情况，发现问题及时处理。

（10）经过一段时间，卸氨储罐与槽车压力逐渐平衡后，依次开启槽车气相阀、卸车鹤管气相阀、卸氨罐根部气相阀，使槽车与卸氨储罐之间通过卸车液相管和气相管形成一个闭合回路，开启液氨卸车泵，直至卸氨完成。

（11）卸氨泵运行过程中，要注意各连接点密封情况以及是否有异常噪声和振动，发现异常应及时停泵。

（12）液氨卸完后，先停液氨泵，依次关闭槽车液相阀、卸车鹤管液相阀、卸氨罐根部阀，卸氨罐根部气相阀、卸车鹤管气相阀、槽车气相阀，关闭紧急切断阀。槽车押运员关闭油压阀、手动球阀，打开泄压阀泄压后，断开卸车鹤管与槽车的连接，收好静电导线，引导槽车离站。

（13）液氨汽车、火车或轮船装卸过程中，驾驶员、押运员等相关人员必须在现场坚守岗位。液氨充装车开关阀门期间，实行双人操作，一人操作、一人监护（该人员可以为槽车押运员或司机），现场操作人员在开关阀门期间，必须佩戴全面罩和橡胶手套，开关阀门应缓慢进行。

（14）槽车严禁超装、混装。液氨装卸时，应注意储罐和槽车的装载量，不得超过其容积的 85%。

（15）夜间、雷雨、暴雪、6级以上大风天气禁止充装。

（16）充装结束，充装液相、气相管的液氨严禁就地排放。

❓ 思考题

1. 危险化学品企业如何加强重大危险源罐区的安全管理？

2. 如何落实危险化学品装卸环节的安全措施？

3. 结合本企业情况，总结库房内危险化学品各类间距是否满足储存要求？

第八节　重大危险源风险分级管控

一、风险分级

1. 风险的等级与管控层级是如何要求的？

依据《国务院安委会办公室关于印发标本兼治遏制重特大事故工作指南的通知》（安委办〔2016〕3号）和《国务院安委会办公室关于实施遏制重特大事故工作指南构建双重预防机制的意见》（安委办〔2016〕11号）的要求，安全风险等级从高到低划分为重大风险、较大风险、一般风险和低风险，分别用红、橙、黄、蓝四种颜色标示。

对于重大风险、较大风险、一般风险和低风险的管控层级分别对应的是公司（厂）级、部门级、车间（分厂）级、班组级。相应的管控责任人应是相应管控层级单位的负责人。对于重大危险源的风险分级管控要求可以参照表2-2进行。

表 2-2　　　　　　　　　重大危险源安全风险分级管控示例表

风险等级	重大风险	较大风险	一般风险	低风险
管控层级	公司（厂）级	部门级	车间（分厂）级	班组级
责任单位	公司	××部门	××车间	××班组
责任人	主要负责人	技术负责人	操作负责人	操作负责人

2. 重大危险源风险是如何分类管理的？

重大危险源的风险一般分成两类进行管理：原始风险与现有风险。原始风险可以理解为风险点（单元、设备设施、作业活动等）因其固有危险性（涉及危险物质或能量或其他情况）而潜在的风险，或者理解为在不考虑现有管控措施而只考虑固有危险性的情况下，风险点可能潜在的风险。现有风险就是风险点在现有风险管控措施的基础上仍然潜在的风险。原始风险又称固有风险、初始风险、裸风险等，现有风险又称剩余风险、残余风险等。

现有风险的大小是随着隐患的产生与治理而动态变化的。对于重大危险源来讲，要同时评价其原始风险和现有风险。对重大危险源的风险管理，就是将重大或较大风险降低为一般风险或低风险，此处的风险即是指现有风险。

3. 重大危险源原始风险与现有风险的评价方法有什么不同？

原始风险与现有风险的评价方法是不同的。对于原始风险，其评价方法主要是直接判定法。实施直接判定，首先就要制定判定标准，按标准对各单元直接判定风险等级。原始风险的判定标准不是唯一的，企业可以结合本企业的实际情况及地方要求，制定适用的判定标准。原始风险也可以通过工作危害分析法（JHA）和安全检查表法（SCL）进行评价。

现有风险一般常用的评价方法是工作危害分析法（JHA）、安全检查表法（SCL）、作业条件危险性评价法（LEC）和风险评价矩阵法（LS）。JHA 主要针对重大危险源作业活动来辨识危险源和评价风险大小，SCL 主要针对重大危险源设备设施来辨识危险源和评价风险大小。

4. 开展工作危害分析（JHA）时，如何准确列出重大危险源的作业活动清单？

重大危险源的作业活动可分为以下四类。

（1）工艺操作。如开车前的准备及检查确认、液氯气化、加氢、停车、液氯装车/卸车、取样等。

（2）异常操作。如关键设备（如压缩机）故障处置、公用工程异常处置（如 DCS 黑屏处置、水电汽气停供处置）等。

（3）检维修作业。如特殊作业、动静设备及电仪设备的检修、催化剂的更换等。

（4）管理活动。如巡检、交接班、安全检查、变更管理、应急演练等。

在列出工艺操作活动清单时，一是参考操作规程中的生产装置流程描述，工艺流程中的每一个工序就是一个作业活动；二是参考生产装置的工艺流程框图（即最简单的流程方框图），图中的每一步即为一个作业活动。

图 2-5 是某企业硝化工艺的流程框图，可划分为硝化、水洗 1、碱洗、水洗 2、乳化、DNT 储存、硝烟吸收等单元操作。

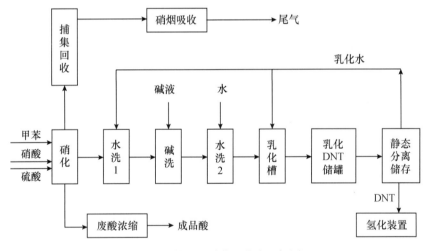

图 2-5　某企业硝化工艺流程框图

5. 开展工作危害分析（JHA）和安全检查表（SCL）时，如何准确辨识危险源？

危险源是指可能造成人员伤亡、疾病、财产损失、工作环境破坏的根源或（和）状态（或行为）。"根源"是指可能发生意外释放的能量（能源或能量载体）或危险物质，如高温、高压、液化烃等。"状态"是指导致能量或危险物质管控措施破坏或失效的各种因素，包括人的不安全行为、物的不安全状态、环境的因素等。"隐患"可以简单理解为危险源的"状态"或"根源"管控措施存在缺失、缺陷。开展危险源辨识，就是要辨识风险点的"根源"，辨识危险物质与能量以及辨识"根源"的管控措施。

对于危险源辨识的描述，要把"根源""状态"都尽可能全面地描述出来。如：

（1）甲醇易燃，如果法兰垫片损坏，可能会导致甲醇泄漏并引发火灾；

（2）如果高处作业不规范使用安全带，可能会发生人员高处坠落；

（3）如果汽包液位过低，不能及时为反应釜降温，可能会导致反应釜飞温，造成催化剂燃烧，甚至反应釜爆炸。

企业应在风险分级管控制度中明确危险源辨识和风险评价的范围，包括以下内容。

（1）作业活动：常规和非常规活动；所有进入作业场所人员的活动（含相关方）；原材料、产品的运输和装卸过程；设备设施的废弃、拆除等。

（2）设备设施：作业场所的设施、设备、车辆、建（构）筑物等。

（3）企业周边环境。

（4）自然灾害（暴雨、地震等）等。

企业进行危险源辨识时，应涵盖生产经营活动的全部过程，分析对象包括作业现场人员、设备和物质，基于分析对象并结合3种状态、3种时态进行全面的危险源辨识。

3种状态指的是正常、异常、紧急状态。"正常"是指在日常的生产条件（即正常运行或操作）下可能产生的职业健康安全问题。"异常"是指在开/关机、停机、检修等可以预见到的情况下产生的与正常状态有较大不同的问题。如危险化学品储存罐检修，面临的危险比正常状态下要多。"紧急"是指如火灾、爆炸、大规模泄漏、设施和仪器故障、台风、洪水等突发情况。

3种时态指的是过去、现在和将来。在进行危险源分析时，还要关注对以往遗留以及计划中的活动可能带来的危险源进行分析。

6. 在进行 JHA 和 SCL 辨识过程中，应重点关注什么风险？

在进行 JHA 和 SCL 辨识过程中，应重点关注过程风险。

风险可分为作业风险与过程风险。作业风险是指人员到生产现场从事各类作业过程中可能潜在的风险，如巡检、取样、检维修作业（含特殊作业）等过程中可能潜在的风险；而过程风险则是生产工艺过程中可能潜在的风险，主要是指生产装置在正常生产操作过程中，因为人员操作失误或其他原因导致工艺参数严重偏离指标可能带来的风险。

作业风险属于浅表层的风险，一般情况下，发生概率相对较高，但后果严重程度一般不高。而过程风险属于相对深层次的风险，一般情况下发生概率相对较低，但一旦发生，其严重程度可能会很高，甚至有可能造成非常恶劣的影响。

随着时代的发展，安全生产管理的重点已经逐渐由作业风险向过程风险转变，重点管控大风险、预防大事故。所以在运用 JHA 和 SCL 进行风险分析评价时，切勿只关注常规的作业风险，而忽视了危害程度更高的过程风险。尤其是在分析涉及"两重点一重大"的有关工艺操作活动和关键设备时，应重点分析在某些情况下可能会引发的深层次的过程风险。

7. 在进行 JHA 和 SCL 辨识过程中，如何准确列出现有管控措施？

现有管控措施一般分为以下四类。

（1）工程技术措施。关键设备部件，包括氮封系统、储罐专用喷淋系统、关键报警联锁系统（应描述出回路编号及条件、动作）等。安全附件，包括安全阀、爆破片、温度计、压力表、流量计等。关键工艺控制，列出主要设备的关键工艺控制指标。安全仪表，列出关键设备的 DCS、SIS 联锁、单元设置的可燃有毒气体检测报警器种类和数量。

（2）维护保养措施。对动设备和静设备的日常维护保养和检修，主要包括大型机组的定期振动监测、定期更换润滑油脂、定期检查等；常压储罐的年度检查、检测、测厚等。

（3）人员操作措施。包括人员资质培训取证，如特种作业人员、特种设备操作人员培训取证；岗位操作记录、交接班记录等。

（4）应急措施。应急设施，应列出可能涉及的所有应急设施，包括空气呼吸器以及急救箱等；个体防护，应列出操作人员配备并严格佩戴的个人防护用品；消防设施，包括可能涉及的消防栓、消防炮、泡沫灭火系统、灭火器、火焰探测器等；应急预案，应重点列出岗位可能涉及的现场处置方案，并明确具体的名称，同时还包括预案演练情况等。

管控措施描述举例见表 2-3。

表 2-3　　　　　　　　　　　　管控措施描述举例

	关键设备部件	1. V101A/B 储罐设置双液位检测，设置低液位 DCS 联锁：DS002：储罐液位 ≤ 2 m 时，切断储罐出口管线切断阀 2. V101A/B 储罐设置高液位 SIS 联锁：联锁号 SS001：储罐液位（LIS-001）≥ 12 m，切断储罐进口管线切断阀 3. V101A/B 储罐设置温度检测报警 4. V101A/B 储罐设置氮封系统 5. V101A/B 储罐设置消防喷淋系统
		P101 泵出口设置压力表监测泵正常运行
工程技术	安全附件	可燃液体储罐设置呼吸阀，并每月进行检查
		有关设备按规范要求设置安全阀，安全阀定期校验
		有关设备按规范要求设置爆破片，爆破片定期更换
		设置压力检测，AB 类压力表定期校验
		有关设备设置液位检测
		有关设备设置温度检测
	安全仪表	甲醇储罐（T40001A/B）周边设置 3 台甲醇可燃气体检测报警器
		DCS、SIS 联锁正常投用，联锁摘除严格办理审批手续，联锁定期测试
	其他	1. 设备支撑等处设置防火涂层 2. 各罐爬梯及装置入口处设置静电释放器 3. 设备本体设置静电接地；可燃液体泵入口过滤器设置静电接地 4. 采用 4 条螺栓的可燃介质管线法兰设置静电跨接 5. 防爆区使用防爆等级符合要求的防爆电气设备
		罐区设置防火堤
		电气设备设置保护接地
		涉及有毒易燃腐蚀介质的导淋、排放管、取样口等处设置盲板、丝堵、管帽、双阀等防泄漏措施
维护保养	动设备	备用机泵每周进行盘车，定期进行计划性保养
	静设备	静设备定期进行设备检查检测

人员操作	人员资质	操作人员经培训取得上岗证;特种作业人员和特种设备操作人员经培训取得相应资质证书
	操作记录	内操人员随时对 DCS 画面进行查看,外操人员定时进行现场巡检,并分别建立记录
	交接班	各班进行严格细致的交接班,并建立记录
应急措施	应急设施	1. 有关现场岗位按规范要求设置有应急器材柜,配备空气呼吸器等应急器材及应急药品,定期检查确保完好并建立检查记录 2. 设置应急冲洗设施
	个体防护	各岗位根据风险特点,配备了过滤式防毒面具、防护面罩、防尘口罩等防护用品
	消防设施	设置有消防水炮、消防栓、消防泡沫系统、消防冷却喷淋系统、干粉灭火器等
	应急预案	编制有现场处置方案,每半年各班组分别对方案演练一次

8. 重大危险源的原始风险与现有风险如何公示?

一般情况下,企业进行风险公示的方式主要是绘制风险分布图和设置风险公示牌。风险分布图分公司级、车间级两级公示。在公司、车间总平面布置图上,将各单元按原始风险的等级标注相应的颜色。风险分布图分原始风险 4 色(红橙黄蓝)分布图和现有风险 2 色(黄蓝)分布图。企业应公示重大危险源的原始风险分布图和现有风险分布图,以便清楚地展示原始风险及现有风险情况。

企业应在重大危险源单元出入口外侧醒目位置,设置该单元的风险公示牌,公示牌内容主要有单元名称、重大危险源等级、风险种类和等级、潜在的事故、主要的风险管控措施、管控责任人、应急通信方式等。

9. 如何运用风险评价准则进行风险分析?

LS 法风险评价准则一般称为风险评价矩阵。风险计算公式:$R = L \times S$。

式中,L 为事件发生的可能性,S 为事件后果严重程度,R 为风险。

风险分级矩阵详见表 2-4 至表 2-7。

表 2-4　　　　　　　　　　　　　事件发生的可能性（L）

分数	事件发生频率（F）		安全检查	操作规程	员工胜任程度（意识、技能、经验）
8	$F \geq 1$	在生产过程中通常发生（至少每年发生）	从来没有检查	没有操作规程	不胜任（无任何培训、意识不够、缺乏经验）
7	$1 > F \geq 10^{-1}$	可能在装置的使用寿命中发生多次	一年检查一次	操作规程不全面	不够胜任
6	$10^{-1} > F \geq 10^{-2}$	可能在装置的使用寿命中发生一次或者两次	偶尔检查	有，但不执行	一般胜任
5	$10^{-2} > F \geq 10^{-3}$	类似的事件已经发生过，或者可能在 10 个类似装置的使用寿命中发生	月检	有，但偶尔执行	基本胜任
4	$10^{-3} > F \geq 10^{-4}$	在企业内的某些地方曾经发生的类似事件	半月检	有操作规程，只是部分执行	胜任，但偶然出差错
3	$10^{-4} > F \geq 10^{-5}$	在行业的某些地方曾经发生的类似事件	周检	有，偶尔不执行	胜任
2	$10^{-5} > F \geq 10^{-6}$	类似的事件还没有在行业中发生	日检	有，全部执行	很好地胜任
1	$F < 10^{-6}$	类似的事件还没有在行业中发生并且发生的可能性极小	每小时巡检	有操作规程，而且严格执行	高度胜任（培训充分，经验丰富，意识强）

表 2-5　　　　　　　　　　　　　事件后果的严重程度（S）

严重性	健康和安全	社会影响	财务性影响
8	特别重大的灾难性安全事故，将导致工厂界区内或界区外大量人员伤亡： 1. 界区内 30 人及以上死亡；100 人及以上重伤 2. 界区外 10 人及以上死亡，50 人及以上重伤	1. 引起国家领导人关注，或国务院、相关部委领导作出批示 2. 导致吊销国际国内主要市场的生产、销售或经营许可证 3. 引起国际国内主要市场上公众或投资人的强烈愤慨或谴责	事故直接经济损失 1 亿元以上

续表

严重性	健康和安全	社会影响	财务性影响
7	非常重大的安全事故，将导致工厂界区内或界区外多人伤亡： 1. 界区内 10 人及以上，30 人以下死亡；50 人及以上，100 人以下重伤 2. 界区外 3~9 人死亡；10 人及以上，50 人以下重伤	1. 导致国家相关部门采取强制性措施 2. 在全国范围内造成严重的社会影响 3. 引起国内国际媒体重点跟踪报道或系列报道	事故直接经济损失 5 000 万元以上，1 亿元以下
6	严重的安全事故： 1. 界区内 3~9 人死亡；10 人及以上，50 人以下重伤 2. 界区外 1~2 人死亡；3~9 人重伤	1. 引起国内或国际媒体长期负面关注 2. 造成省级范围内的不利社会影响 3. 导致省级政府相关部门采取强制性措施 4. 导致失去当地市场的生产、经营和销售许可证	1. 事故直接经济损失 1 000 万元以上，5 000 万元以下 2. 发生失控的火灾或爆炸
5	较大的安全事故，导致人员死亡或重伤： 1. 界区内 1~2 人死亡；3~9 人重伤 2. 界区外 1~2 人重伤	1. 导致地方政府相关监管部门采取强制性措施 2. 引起国内或国际媒体的短期负面报道	1. 直接经济损失 100 万元以上，1 000 万元以下 2. 发生局部区域的火灾爆炸
4	较大影响的健康/安全事故： 1. 3 人以上轻伤，1~2 人重伤（包括急性工业中毒，下同） 2. 暴露超标，带来长期健康影响或造成职业相关的严重疾病	存在合规性问题，不会造成严重的安全后果或不会导致地方政府相关监管部门采取强制性措施	直接经济损失 50 万元及以上，100 万元以下
3	中等影响的健康/安全事故： 1. 因事故伤害损失工作日 2. 1~2 人轻伤	1. 当地媒体的长期报道 2. 在当地造成不利的社会影响，对当地公共设施的日常运行造成严重干扰（如导致某道路较长时间无法正常通行） 3. 会损害与有重大利益的相关方的关系	直接经济损失 10 万元以上，50 万元以下

续表

严重性	健康和安全	社会影响	财务性影响
2	轻微影响的健康/安全事故： 医疗处理，但不需住院，不会因事故伤害损失工作日	1. 当地媒体的短期报道 2. 对当地公共设施的日常运行造成干扰（如导致某道路在 24 h 内无法正常通行）	直接经济损失 2 万元以上，10 万元以下
1	微小影响的健康/安全事故： 1. 急救处理（不用处方药，除预防性处方药外） 2. 短时间暴露超标，引起身体不适，但不会造成长期健康影响	引起周围社区少数居民短期内不满、抱怨或投诉（如抱怨设施噪声超标）	事故直接经济损失在 2 万元以下

注：此表还可以考虑企业生产装置运行影响，即是否会影响生产装置调整负责、停车、停产等。

表 2-6　　　　　　　　　　安全风险矩阵

严重性 ＼ 可能性	1	2	3	4	5	6	7	8
1	1	2	3	4	5	6	7	8
2	2	4	6	8	10	12	14	16
3	3	6	9	12	15	18	21	24
4	4	8	12	16	20	24	28	32
5	5	10	15	20	25	30	35	40
6	6	12	18	24	30	36	42	48
7	7	14	21	28	35	42	49	56
8	8	16	24	32	40	48	56	64

表 2-7　　　　　　　　　　安全风险分级表

风险 R	风险等级	
48~64	不可接受风险	重大风险
32~42		较大风险
15~30	尽可能降低风险	一般风险
1~14	可接受风险	低风险

10. 如何应用作业条件危险性评价法（LEC）开展风险评价？

LEC 法规则如下：

风险计算公式：$D=L \times E \times C$。

式中，L 为事件发生的可能性，E 为人员暴露在危险环境中的频繁程度，C 为事件后果的严重程度，D 为风险。

L、E、C 的取值见表 2-8、表 2-9 和表 2-10，风险分级表见表 2-11。

表 2-8　　　　　　　　　　　事件发生的可能性（L）

分数值	事件发生的可能性
10	完全可以预料
6	相当可能
3	可能，但不经常
1	可能性小，完全意外
0.5	很不可能，可以设想
0.2	极不可能
0.1	实际不可能

表 2-9　　　　　　人员暴露在危险环境中的频繁程度（E）

分数值	人员暴露在危险环境中的频繁程度
10	8 h 内连续暴露
6	8 h 内暴露 1~4 h
3	每周一次暴露（1~4 h）
2	每月一次暴露（1~4 h）
1	每年几次暴露（1~4 h）
0.5	非常罕见暴露

表 2-10　　　　　　　　　　事件后果的严重程度（C）

分数值	事件后果的严重程度
100	10 人及以上死亡
40	3~9 人死亡
15	1~2 人死亡
7	严重
3	重大，造成人员伤残
1	引人注意

表 2-11　　　　　　　　　　　　　风险分级表

D 值	风险等级
>320	重大风险
160~320	较大风险
70~160	一般风险
<70	低风险

11. 如何运用危险与可操作性分析法（HAZOP）进行风险分析?

危险与可操作性分析法（HAZOP）主要用于探明生产装置和工艺过程中的危险及其原因，寻求必要对策。通过分析生产运行过程中工艺状态参数的变动，操作控制中可能出现的偏差以及这些变动与偏差对系统的影响及可能导致的后果，找出出现变动或偏差的原因，明确装置或系统内及生产过程中存在的主要危险、危害因素，并针对变动与偏差的后果提出应采取的措施。

HAZOP 分析实施过程可以分为以下三个主要阶段。

（1）分析准备，主要包括以下内容：

1）确定分析目的、对象和范围。确定分析目的、对象和范围极其关键，必须尽可能地清楚。分析对象通常由该装置和项目的负责人确定，并得到 HAZOP 分析小组组长的帮助。应当按照正确的方向和既定目标开展分析工作，而且要确定着重考虑的后果。

2）确定 HAZOP 分析小组组长。HAZOP 分析小组组长应担负的职责包括小组成员的挑选，工作计划的制订，确保 HAZOP 分析有序、高效进行，有序开展报告的审查、整改措施的确认等。

3）获取必要的资料。这是进行分析的前提。最重要的资料就是各种图样，包括工艺流程图（PFD）、工艺管道和仪表流程图（PID）、平面布置图等，此外还包括操作规程、仪表控制图、逻辑图。图样和数据应在分析会议之前分发到每个分析人员手中。

4）挑选 HAZOP 分析小组成员。HAZOP 分析小组成员的知识、技术与经验对确保分析结果的可信度和深度至关重要，这就要求分析小组的组长应当负责组建有适当人数且有经验的 HAZOP 分析小组。一般来说，HAZOP 分析小组应包括以下几方面的人员：分析小组组长、工艺工程师、设备工程师、安全工程师、操作主管、仪表控制工程师、设计工程师、消防工程师、记录人员等。

5）确定分析程序。根据分析的不同目的，HAZOP 分析的内容可能会有所差别，HAZOP 分析小组组长在分析准备阶段可以初步确定分析节点并提出初步的偏离目录，准备一份分析表格做会议记录用。

6）安排会议。一旦前期准备工作基本完成，HAZOP 分析小组组长就负责组织会议，合理制订会议计划，估算整个过程所需的时间，安排会议的次数和时间。

（2）召开分析会议。准备工作完成后，即可召开 HAZOP 会议进行分析。为了有逻辑地、有效地进行 HAZOP 分析，要将 P&ID 按照逐个设备、管道或操作划分为分析节点，对于每个节点逐项分析，并由会议记录人员记录。记录人员将分析讨论过程中所有重要的内容精确记录在事先设计好的工作表内。

（3）编制分析报告。HAZOP 分析会后，对会议记录结果进行整理、汇总，提炼出恰当的结果，形成 HAZOP 分析报告。

HAZOP 分析完成后，企业应对 HAZOP 报告中提出的建议和措施认真组织研究讨论，制定整改方案，及时予以落实整改；对于不予采纳的建议，应给出合理说明并记录。

12. 如何运用工作危害分析法（JHA）开展风险评价？

工作危害分析法（JHA）是对作业活动各个步骤进行风险分析，明确现有安全管控措施，通过风险评价准则评价采取现有安全管控措施前后的风险等级，同时提出改进措施，以达到控制风险、减少和杜绝事故的目的。

此方法适用于有人员参与的各类作业活动的风险分析。工作危害分析工作程序如下。

（1）列出作业活动清单。企业应对每一个评价对象，分别列出所有人员（含承包商）可能涉及的作业活动，形成"作业活动清单"。作业活动可分为工艺操作、异常操作、检维修作业、管理活动 4 类。

（2）依据作业活动清单，对所有作业活动进行工作危害分析，编制工作危害分析表。

1）把作业活动划分为若干个工作步骤，即首先做什么、其次做什么。

2）危险源辨识。辨识每一个工作步骤中存在什么危险源及可能导致的事故。

3）列举主要后果。即危险源可能导致的事故造成的主要后果。

4）列出现有管控措施。要把每一个工作步骤可能潜在风险的相关现有安全管控措施全部列出，主要从4个方面考虑：工程技术、维护保养、人员操作、应急措施。

5）风险评价。依据风险评价准则，分析每一个工作步骤可能导致的事件的可能性及严重程度，最终确定原始风险、现有风险值以及风险等级。

6）提出增补措施。如果现有安全控制措施有缺失或缺陷（即存在隐患），构成了不可接受风险，则应提出改进性的、完善性的措施，即隐患治理措施。增补措施也应从工程技术、管理、培训教育、防护、应急5个方面考虑。

13. 安全检查表法（SCL）具体是如何实施的？

安全检查表法是将设备设施等列出检查项目，针对检查项目偏离标准后可能带来的风险进行分析，明确现有安全管控措施，通过风险评价准则评价风险等级，同时提出改进措施，以达到控制风险、减少和杜绝事故的目的。

该方法主要适用于厂址、周边环境、设备设施等静态物的风险分析。分析工作程序如下。

（1）列出评价对象的设备设施清单。参考生产装置的设备台账，列出评价单元中设备设施清单。设备设施可分为炉类、塔类、反应器类、储罐及容器类、冷换设备类、通用机械类、动力类、化工机械类、起重运输类、其他设备类、建（构）筑物类等11类。

（2）对清单中所有设备设施进行危险源辨识的风险评价，编制安全检查表。

1）列出设备设施的检查项目，即列出设备设施的本体主要组成部件和附属安全设施，如储罐基础、储罐人孔、静电接地、安全阀等。

2）明确设备设施检查项目的标准，如安全阀应无泄漏、阀体铅封完好、校验标识齐全、根部阀门全开并加铅封等。

3）分析检查项目偏离正常状态后潜在的风险。

4）列举危险源可能导致的事故造成的主要后果。

5）列出现有管控措施。从工程技术、维护保养、人员操作、应急措施4个方面把每一个工作步骤可能潜在风险的相关现有安全管控措施全部列出。

6）风险评价。依据风险评价准则，分析每一个工作步骤可能导致的事件的可能性及严重程度，最终确定原始风险和现有风险值及风险等级。

7）从工程技术、管理、培训教育、人员防护、应急5个方面提出增补措施。

14. 如何判定重大危险源原始风险?

重大危险源原始风险一般采用直接判定法，即结合重大危险源的固有危险性大小，直接判定其原始风险等级。

企业可根据实际情况，参考如下内容来制定自身的原始风险判定准则。

（1）以下评价对象的风险直接确定为重大风险：

1）构成一、二级危险化学品重大危险源的生产、储存单元；

2）同一作业单元内操作人员（仅指正常操作人员，不含检修时作业人员）10人以上，且具有火灾、爆炸、有毒危险介质的厂房；

3）企业或同行业5年内曾经发生过死亡事故的单元。

（2）以下评价对象直接确定为较大风险：

1）构成三、四级危险化学品重大危险源的生产、储存单元；

2）涉及重点监管危险化工工艺的生产单元；

3）同一区域内当班岗位操作人员（仅指正常操作人员，不含检修作业人员）5~9人，且具有火灾、爆炸、有毒危险介质的单元；

4）相对独立的具有易燃、易爆、有毒性质的危险化学品装卸区；

5）企业或同行业5年内曾经发生过重伤、职业病、较大及以上非死亡事故的单元。

（3）以下评价对象直接确定为一般风险：

1）其他生产、使用、储存危险化学品的生产、储存单元；

2）一旦失电将造成公司生产系统全部或局部停车，引起事故风险的变配电站。

（4）以下评价对象直接确定为低风险：企业厂区范围内除上述区域以外的其他与生产有关的单元，如控制楼、循环水泵房、消防泵房、消防水池、冷冻站、空压站等。

二、风险管控

1. 如何管控重大危险源的现有风险？

不同等级的现有风险其管控方式不同。对于现有风险中的重大、较大风险，一般称为不可接受风险。重大风险应立即停止作业或生产并采取措施（即隐患治理措施）来降低风险，较大风险原则上应立即采取措施降低风险，如果条件不具备时可以限期进行整改。对于一般风险，如果具备条件，可以再从管理和工程技术方面采取新的措施以尽可能降低风险。对于低风险，可以维持现状。

现有风险管控要求见表2-12。

表 2-12　　　　　　　　　　　　现有风险管控要求

等级	应采取的行动/控制措施
重大风险	停止作业或生产，立即采取措施降低风险
较大风险	立即采取措施降低风险，或建立运行控制程序或方案，定期检查、评估，待具备条件时（3~6个月）采取措施降低风险
一般风险	每年评审修订管理制度、操作规程及应急预案，尽可能采取改进措施
低风险	考虑是否需要补充建立操作规程、作业指导书，或无须采用新的控制措施

2. 如何管控重大危险源的原始风险？

一般情况下重大危险源的固有危险性是难以改变的，即原始风险等级是不会变化的，除非发生重大变更。对于原始风险，要采用日常运行控制的方式进行管控，具体包括：对设备设施及安全附件、安全设施的定期检验、检查；管理制度、操作规程的及时更新及培训；人员防护；应急管理等。

不同级别的重大危险源原始风险管控方式是相同的，但管控人员及频次是不同的。重大危险源企业应根据风险分级管控要求，落实各自包保人不同的管理要求，实现风险的分级管控。

❓ **思考题**

1. 结合本节内容，重新核实你所在企业风险分级管控中风险划分是否全面、准确？

2. 在你所在企业涉及的一般风险中，分别使用了哪些风险分析方法？

第九节　重大危险源隐患排查治理

一、隐患排查

1. 隐患排查的形式有哪些？

对重大危险源开展安全风险隐患排查工作是加强风险管控、防范重特大事故的基础性工作。隐患排查要体现全过程、全方位、全员参与的原则，既要考虑到当前存在的隐患，又要考虑某些部位未来发生事故的不确定性。因此隐患排查工作应该以多种方式开展。

《危险化学品企业安全风险隐患排查治理导则》明确了隐患排查的形式，主要包括日常排查、综合性排查、专业性排查、季节性排查、重点时段及节假日前排查、事故类比排查、复产复工前排查和外聘专家诊断式排查等，其中季节性排查、重点时段及节假日前排查、事故类比排查、复产复工前排查和外聘专家诊断式排查等可以以专项检查形式开展。

日常排查是指基层单位班组、岗位员工的交接班检查和班中巡回检查，以及基层单位（厂）管理人员和各专业技术人员的日常性检查；综合性排查是指以安全生产责任制、各项专业管理制度、安全生产管理制度和化工过程安全管理各要素落实情况为重点开展的全面检查；专业性排查是指工艺、设备、电气、仪表、储运、消防和公用工程等专业对生产各系统进行的检查；季节性排查是指根据各季节特点开展的专项检查；重点时段及节假日前排查是指在重大活动、重点时段和节假日前，对企业各方面工作的排查；事故类比排查是指对企业内或同类企业发生安全事故后举一反三的安全检查；复产复工前排查是指节假日、设备大检修、生产原因等停产较长时间，在重新恢复生产前进行的综合性隐患排查；外聘专家诊断式排查是指聘请外部专家对企业进行的安全检查。

2. 季节性隐患排查的重点是什么？

春季天干物燥，是静电容易积聚的季节，尤其是设备、管架基础出现坍塌的部位，应检查静电跨接线是否遭到破坏。对重大危险源而言，春季隐患排查应以防雷、防静电、防解冻泄漏、防解冻坍塌为重点。

夏季气温高、暴雨天气增多，沿海地区还会进入台风季节。重大危险源露天设备在阳光暴晒下可能造成内部物料超温，室内设备可能因通风不良造成温度升高，室外作业人员可能出现高温中暑现象，影响安全生产。汛期洪水倒灌进入存有忌水危险化学品的库房可能引发事故。因此夏季的隐患排查应以防雷暴、防设备容器超温超压、防台风、防洪、防暑降温为重点。

秋季介于夏冬两季之间，初秋带有夏季气候特征，而深秋则接近冬季气候。因此秋季的隐患排查既要兼顾夏季的气候特点，又要做好应对严冬到来的准备。秋季的检查重点仍应以防雷暴、防火、防静电、防凝保温为重点，并根据初秋、深秋时段不同特点有所侧重。

冬季的北方气候低温严寒，暴雪时有发生，容易造成室外仪器仪表凝冻失真。企业应以防火、防爆、防雪、防冻防凝、防滑、防静电为重点，高度重视室外仪器仪表凝冻对安全生产的影响。同时厂区道路的防滑工作也不容忽视，可能因道路湿滑造成作业人员跌伤。

重大危险源操作负责人应根据各季节特点，重点围绕重大危险源各项监测监控措施开展相应检查，同时对夏冬季的防涝、防高温和防冻开展重点排查。

3. 综合性隐患排查的重点是什么？

综合性排查是指以安全生产责任制、各项专业管理制度、安全生产管理制度和化工过程安全管理各要素落实情况为重点开展的全面检查。全员安全生产责任制落实情况的排查重点是各管理部门的安全生产责任制落实情况，是否定期开展考核；各项专业管理制度、安全生产管理制度的检查重点是制度的执行情况，是否存在制度与执行"两张皮"的现象，是否存在制度更新不及时、不适应当前管理要求的现象等；化工过程安全管理各要素落实情况的检查重点是各要素的实际运行情况，如安全信息管理、特殊作业管理、承包商管理、设备设施完好性管理、安全领导力践行等，是否存在管理上的缺陷和不符合管理要求的问题。

对重大危险源操作负责人而言，不仅要组织好应当承担的重大危险源隐患排查工作，还要定期组织车间级综合性排查工作，参加公司级针对重大危险源的专项隐患排查工作及其他形式的隐患排查工作，重点围绕岗位责任制的落实、化工过程安全管理各要素的实际运行情况以及反"三违"行为情况进行检查。

4. 日常性隐患排查的重点是什么？

日常性排查是指基层单位班组、岗位员工的交接班检查和班中巡回检查，以及基层单位（厂）管理人员和各专业技术人员的日常性检查。装置操作人员现场巡检间隔不得大于 2 h，涉及"两重点一重大"的生产、储存装置和部位的操作人员现场巡检间隔不得大于 1 h；基层车间（装置）直接管理人员（工艺、设备技术人员）、电气、仪表人员每天至少 2 次对装置现场进行相关专业检查。

日常性排查重点是排查生产装置及重大危险源的安全运行情况以及消防、供配电、公辅系统的可靠性保障情况，同时还要检查备用系统（如应急柴油发电机、应急救援器材）的安全可靠性情况，尤其是对关键装置、重点部位、关键环节和重大危险源的检查和巡查。对重大危险源的日常性排查应围绕下列情况进行：

（1）工艺指标控制情况；

（2）监测监控系统运行情况；

（3）设备设施安全运行情况；

（4）氮封系统投用情况；

（5）装卸作业安全操作情况；

（6）员工定期巡检情况；

（7）开展特殊作业时安全措施保障情况；

（8）外来人员许可进入情况；

（9）物料泄漏情况；

（10）消防应急器材完好可用情况。

重大危险源操作负责人主要是危险化学品企业各生产车间主任，要带动基层班组、岗位员工做好交接班检查、班中巡回检查以及车间管理人员开展定期检查，明确各班组、岗位人员日常巡查的任务和职责，真正发挥日常性隐患排查工作的作用，将隐患消灭在萌芽之中。

5. 节假日前和重点时段前开展隐患排查的重点是什么？

为确保全国性或区域性重要活动的顺利进行以及重点时间段、节假日期间的生产安全，构建和谐稳定的社会环境，企业需要在相关重要活动开始前组织对重大危险源开展隐患排查工作。通过对各项准备工作、应急措施进行再确认，落实责任人，修正和完善应对方案，努力使准备工作更加充分。例如，各地少数民族传统节日到来前、国庆和春节长假前或其他重大活动开始前都需要对预定应急方案再审核、再确认，对人员、物资准备情况进行再落实，确保万无一失。

另外，节假日前检查也应关注对员工心理状态的检查，尤其是春节假期前，可能出现员工当班期间心神不定而误操作的现象。

重大危险源的风险特点决定了一旦发生事故，必然导致严重的后果和重大社会影响。节假日期间和重点时段，企业应急力量不足，容易出现救援不及时、事故后果扩大的可能，因此做好节假日前的隐患排查，及时发现可能导致事故的隐患并及时整改，可以防患于未然。操作负责人在重点时段、节假日前，要组织对重大危险源场所开展车间级的专项检查。

节假日前和重点时段前开展隐患排查主要围绕以下内容进行：

（1）值班安排、领导值班人员在岗在位情况；

（2）生产运行、原料、产品存量情况；

（3）节假日和重点时段对生产运行计划调整准备情况；

（4）应急、抢险器材准备情况；

（5）应急人员值班情况；

（6）员工心理变化、波动情况。

6. 如何组织开展好专业性隐患排查工作？

根据重大危险源企业管理职能设置不同，一些企业的生产车间只负责工艺生产，设备、电气仪表的维护保养及运行管理均委托给保运单位，也有一些小型企业人员数量少，车间主任全面负责生产、储运、机电仪工作。因此作为操作负责人在组织开展重大危险源的专业性检查工作时，就要结合所管辖的范围确定检查内容，对有承包商参与担任生产保运的企业，在开展专业性排查时，应要求承包商派人参加并按照安全管理协议中划分的范围落实管理责任。开展专业性隐患排查时，要根据各专业检查的重点内容，编制安全检查表，并结合安全设施设计专篇和安全评价报告、重大危险源评估报告等相关文件，对重大危险源实际配备的安全监测监控设施进行检查。同时可采用初步危险分析法对可能发生的事故进行预测性分析，并结合季节性检查等其他形式的检查，对存在的隐患进行识别和整改。

工艺专业检查的重点是工艺指标执行情况、操作规程执行情况、工艺报警值设定及处置情况、工艺变更管理情况以及一线员工定期巡检情况、交接班情况等；设备专业检查的重点是设备安全运行、安全附件管理、设备保温保冷、防腐蚀、防泄漏管理情况等；仪表专业检查的重点是仪表系统的完好投用情况、安全仪表标识、联锁系统投用情况，监测监控仪表装备率、投用率及完好率的管理情况；储运专业检查的重点是装卸作业安全设施配置、作业人员遵章守纪情况、罐区尾气回收系统安全运行情况等；消防专业检查的重点是应急器材完好备用、消防设施运行情况；公用工程专业检查的重点是水、电、气、汽供给情况，污水收集及尾气处理情况等。

7. 如何理解围绕三种时态、三种状态开展隐患排查？

对重大危险源的隐患排查工作要围绕"过去、现在和将来"三种时态开展，同时还要考虑到"正常、异常和紧急"三种状态。

围绕三种时态开展隐患排查，即隐患排查工作既要考虑以往曾经发生过事故的部位、场所是否旧患又出，又要考虑当前各重大危险源部位实际现状是否安全，还要考虑某些部位未来是否存在发生事故的潜在可能。过去曾经发生的事故也可能是本企业发生的事故，也可能是其他企业发生的类似事故。定期检查设备、管道腐蚀情况，评估使用寿命也是考虑尽管当前设备设施运行良好，不存在隐患，但未来某个时段可能会因腐蚀造成设备故障引发物料泄漏。安全阀必须进行定期校验就是遵循这个原则。

江苏响水"3·21"爆炸事故就是企业负责人堆放硝化废料时仅考虑到短时间不会存在危险，但没意识到长期堆存可能造成的风险，从而引发特别重大事故。根据事故调查报告，其中硝化废料储存最长时间已达 7 年。

隐患排查要考虑三种状态就是指虽然某一现象在正常情况下可能不是问题，但在异常情况下可能就是隐患。如某企业消防泵房配置的应急照明灯安装高度过高且照度不足，在正常供电情况下并不能存在不便，但一旦出现供电中断且发生火灾、消防主泵不能自动启动时，就会给现场作业人员造成困难，甚至可能存在不仅不能有效处置应急，反而扩大事故伤害范围的现象。再如重大危险源罐区防火堤踏步护栏设置，《储罐区防火堤设计规范》（GB 50351—2014）规定每一储罐组的防火堤、防护墙应设置不少于 2 处越堤人行踏步或坡道，高度大于或等于 1.2 m 的踏步或坡道应设护栏。在检查中发现个别企业罐区防火堤踏步超过 1.2 m，但未设置护栏。正常时人员出入罐区并不会感到不便，但如果有人员吸入有毒气体中毒，步履蹒跚，可能就难以顺利通过踏步逃离罐区。因此隐患排查工作一定要全方位、全过程开展。

8. 对重大危险源开展隐患排查重点关注哪些方面？

（1）对重大危险源开展隐患排查时，应重点关注以下几个方面：

1）露天罐区各储罐监控监测设施是否按照规定要求配备齐全，是否完好在用；

2）仪器仪表、供配电系统运行是否正常；

3）工况运行是否平稳，是否存在超温、超压、超液位现象；

4）可能受气候影响的监测监控设施是否在不同气象条件到来之前采取了防范措施；

5）用于应急处置的消防设施、救援设施、人体防护设施是否完好、备用；

6）可燃有毒气体检测报警器位置、安装高度、报警值设置是否正常，运行状态是否良好；

7）罐区作业是否存在违章现象；

8）变更管理是否按照规定要求开展；

9）消防水供应、事故污水收集设施是否满足应急需求；

10）储罐泄压系统、尾气回收系统运行是否正常；

11）仓库场所是否按要求配备通风、泄压、温湿度检测、喷淋等设施并运行正常；

12）物料仓储是否遵守危险化学品仓储安全要求；

13）防雷防静电设施是否满足安全要求；

14）火灾报警、人员疏散等是否满足应急需求；

15）新建设施是否经过正规设计；

16）采用新技术、新工艺、新装备前是否组织开展了风险分析和员工培训；

17）罐区、库区各种检维修作业是否按规定进行；

18）对液化烃、液氨、液氯、光气、氯乙烯、硝酸铵的储存装卸采取的管控措施是否符合《危险化学品企业安全风险隐患排查治理导则》规定的特殊管控要求。

（2）对构成重大危险源的生产装置开展隐患排查时，应重点关注以下几个方面：

1）涉及危险化工工艺的精细化工生产装置是否已开展反应风险评估；

2）涉及危险工艺的生产装置是否按要求配备了安全控制措施并正常投用，是否严格控制现场人数；

3）生产过程是否存在超温、超压、超液位现象，工艺控制指标是否在规定范围内；

4）各种报警是否能得到有效响应并及时处置；

5）生产厂房泄压、泄爆、通风设施是否按要求配置并运行良好；

6）涉及有毒气体的生产装置是否配备应急吸收系统并运行良好；

7）室内外消防设施、火灾报警系统是否运行良好、灵活好用；

8）员工巡检、交接班是否按照要求进行，有无违章现象；

9）厂房内各种检维修作业是否按规定进行；

10）中间仓库、中间罐区是否超量、超品种储存，是否存在厂房当仓库的现象；

11）室内照明照度是否达标，疏散通道是否畅通；

12）较高风险区域是否存在人员聚集现象；

13）是否按照要求开展变更管理；

14）对涉及液化烃、液氨、液氯、光气、氯乙烯、硝酸铵、硝化工艺的生产装置采取的管控措施是否符合《危险化学品企业安全风险隐患排查治理导则》规定的特殊管控要求。

二、隐患治理

1. 如何保证隐患得以及时整改?

企业应建立隐患排查治理管理制度，落实整改责任，对排查中发现的隐患按照"五定"（定人员、定时间、定责任、定标准、定措施）原则开展排查治理工作，实行闭环管理。"定人员"是指将隐患整改的具体负责人或具体实施人明确到人；"定时间"是规定隐患整改的期限；"定责任"是明确具体实施人的责任及考核要求；"定标准"是明确隐患整改必须达到的标准，要求符合国家标准或行业标准，确保安全、可靠；"定措施"是明确整改实施方案和保证整改过程安全的应急措施。

重大危险源操作负责人要对发现的隐患问题进行统计，对隐患问题出现的原因进行分析，并举一反三，努力从根本上解决问题，避免类似隐患重复出现。

隐患整改台账可参照表 2-13 建立。

表2-13　　　　　　　　　　　　隐患整改台账样表

序号	隐患名称	隐患部位	是否是重大隐患	整改责任人	整改措施	整改期限	验收标准	验收时间	验收人

确定整改方案是保证隐患得以正确整改的基础。编制整改方案要充分考虑到整改时机和整改过程可能存在的风险，本着可行性、可靠性和安全性的原则做好整改方案，一旦条件具备及时进行整改。

重大危险源操作负责人一方面要按照技术负责人和主要负责人要求，落实隐患的整改工作，明确整改责任和验收责任，避免验收走过场，同时还要及时将整改过程中存在的问题、困难向技术负责人汇报，寻求技术负责人的支持和理解，必要时也可以直接向主要负责人汇报。

2. 对不能及时整改的隐患可采取哪些管控措施？

对排查中发现的隐患进行整改是需要一定条件的，既要考虑到整改方案的可靠性，又要考虑到整改时机的适宜性。对能立即整改的隐患应立即整改，并如实记录安全风险隐患排查治理情况，建立安全风险隐患排查治理台账，及时向员工通报。对不能及时整改的隐患应采取管控措施。

《危险化学品企业安全风险隐患排查治理导则》指出，对于不能立即完成整改的隐患，应进行安全风险分析，并应从工程控制、安全管理、个体防护、应急处置等方面采取有效的管控措施，防止安全事故的发生。

工程控制措施包括可以通过对装置、工艺、设备设施等重新设计来消除或削弱危害，也可以通过对产生或导致危害的设施或场所进行密闭来减少对人员的伤害，还可以通过隔离措施把人与危险区域隔开，也可以通过改变泄漏物料的喷射方向来降低危害。

安全管理措施包括强化操作培训、减少隐患场所人员数量或人员暴露时间、安排监护力量、谨慎操作等。

个体防护措施则是加强作业人员的劳动防护，如采用配备空气呼吸器、系安全绳、携带示警灯等手段来保证人员安全。

应急处置措施则是针对隐患可能造成的后果，确定应急处置原则和处置时机，建立应急授权机制，明确用权条件，可以在隐患有可能演化为事故时采取断然措施，避免事故发生。

企业应准确分析隐患可能造成的事故后果，合理划分可以立即整改的或允许延迟整改的隐患范围，对不能及时整改的隐患应选择适当的措施管控好风险，防止隐患进一步演化造成事故发生。

《中华人民共和国安全生产法》第六十五条规定，重大事故隐患排除前或者排除过程中无法保证安全的，应当责令从危险区域内撤出作业人员，责令暂时停产停业或者停止使用相关设施、设备；重大事故隐患排除后，经审查同意，方可恢复生产经营和使用。

3. 重大危险源可能涉及哪些重大隐患？对重大隐患应如何处理？

《化工和危险化学品生产经营单位重大生产安全事故隐患判定标准（试行）》中列出了化工和危险化学品企业构成重大隐患的 20 种情形。

（1）危险化学品生产、经营单位主要负责人和安全生产管理人员未依法经考核合格。

（2）特种作业人员未持证上岗。

（3）涉及"两重点一重大"的生产装置、储存设施外部安全防护距离不符合国家标准规定。

（4）涉及重点监管危险化工工艺的装置未实现自动化控制，系统未实现紧急停车功能，装备的自动化控制系统、紧急停车系统未投入使用。

（5）构成一级、二级重大危险源的危险化学品罐区未实现紧急切断功能；涉及毒性气体、液化气体、剧毒液体的一级和二级重大危险源的危险化学品罐区未配备独立的安全仪表系统。

（6）全压力式液化烃储罐未按国家标准设置注水措施。

（7）液化烃、液氨、液氯等易燃易爆、有毒有害液化气体的充装未使用万向管道充装系统。

（8）光气、氯气等剧毒气体及硫化氢气体管道穿越除厂区（包括化工园区、工业园区）外的公共区域。

（9）地区架空电力线路穿越生产区且不符合国家标准规定。

（10）在役化工装置未经正规设计且未进行安全设计诊断。

（11）使用淘汰落后安全技术工艺、设备目录列出的工艺、设备。

（12）涉及可燃和有毒有害气体泄漏的场所未按国家标准设置检测报警装置，爆炸危险场所未按国家标准安装使用防爆电气设备。

（13）控制室或机柜间面向具有火灾、爆炸危险性装置一侧不符合国家标准关于防火防爆的要求。

（14）化工生产装置未按国家标准设置双重电源供电，自动化控制系统未设置不间断电源。

（15）安全阀、爆破片等安全附件未正常投用。

（16）未建立与岗位相匹配的全员安全生产责任制或者未制定实施生产安全事故隐患排查治理制度。

（17）未制定操作规程和工艺控制指标。

（18）未按照国家标准制定动火、进入受限空间等特殊作业管理制度，或者制度未有效执行。

（19）新开发的危险化学品生产工艺未经小试、中试、工业化试验直接进行工业化生产；国内首次使用的化工工艺未经过省级人民政府有关部门组织的安全可靠性论证；新建装置未制定试生产方案投料开车；精细化工企业未按规范性文件要求开展安全风险评估。

（20）未按国家标准分区分类储存危险化学品，超量、超品种储存危险化学品，相互禁配物质混放混存。

重大危险源包括生产场所和存储场所，从包保负责人的指定、工艺过程安全运行、罐区监测监控设施配备运行到隐患排查、特殊作业等方面均与重大危险源有关，因此上述 20 种重大隐患情形在重大危险源场所都有可能涉及。

对于重大隐患，企业要结合自身的生产经营实际情况，立即采取充分的风险控制措施，尽快进行隐患治理，必要时立即停产治理。企业重大危险源操作负责人要在技术负责人和主要负责人的要求下，参与制定事故隐患治理方案并负责落实实施，方案内容包括治理的目标和任务、采取的方法和措施、经费和物资的落实、负责治理的机构和人员、治理的时限和要求、避免整改期间发生事故的安全措施等。

4. 编制隐患整改方案应注意哪些问题？

编制隐患整改方案应注意方案的可行性、可靠性和安全性，同时还要考虑整改过程中可能出现的风险。

在不同场合、不同环境下，在其他地方适用的方案不一定能通用，同时隐患整改既要花经济成本，又要花时间成本，尤其是需停产整改的隐患，停产一次损失是比较大的，因此方案的制定一定要考虑可靠性，还要考虑方案实施的安全性。

2018 年 5 月 12 日，上海赛科石化公司在对苯罐进行检维修作业过程中，苯罐内突然发生闪爆，造成在罐内进行浮盘拆除作业的 6 名作业人员当场死亡。事故原因之一就是承包商在作业内容发生重大变化后，未对施工方案进行变更，在未落实随身携带气体检测仪的情况下，安排作业人员进入受限空间进行作业，在使用非防爆电动工具作业时引燃苯积液的蒸气导致爆燃事故。

广东某化工公司生产车间反应釜上人孔盖未与反应釜顶盖法兰采用螺栓固定，专家检查时要求企业必须将人孔盖固定，不能将手孔作为泄压通道。但企业在整改时仅是采用聚丙烯网将人孔盖网住，并未将人孔盖与反应釜法兰固定。在后来的一次投料试生产过程中，因反应釜超温超压造成反应失控，物料从反应釜人孔高速喷出，形成的雾状易燃气体在空气中达到爆炸极限，加上物料相互高速摩擦撞击产生静电放电的火花，引起燃烧爆炸，随即反应釜爆炸解体，生产车间发生多次燃爆，造成车间建筑物及车间内设备、管道、设施严重损毁。事故暴露出企业对编制的整改方案缺乏充分论证，虽然整改方案简单，但不可靠、不安全，因此不应被采纳。

三、隐患评估

1. 如何做好隐患整改验收、销项及后期评估工作？

做好隐患整改后的评估工作可以避免类似隐患重复发生。通过隐患整改后期评估工作，进一步确认隐患是否已获得根除，验收过程是否坚持高标准、严要求。对整改到位、完成验收的隐患问题应及时予以销项，对构成重大隐患的问题还要及时向政府监管部门通报。

在隐患整改过程中，可能涉及变更管理，要通过后期评估工作，核实整改过程是否执行了变更管理制度，相关信息是否得以更新，涉及的人员是否已得到培训，相关操作规程是否进行了调整等。通过后期评估，切实实现隐患整改的闭环管理。通过后期评估，也会使相关人员进一步加深对国家法规标准条款的正确理解。

重大危险源操作负责人一方面要从操作层面分析查找隐患存在的原因，另一方面要会同技术负责人从技术层面分析隐患存在的原因，完善防范措施，做好预防性工作，促进长效机制的建立。

2. 如何建立隐患排查治理长效机制？

避免类似隐患重复发生，一是要认真做好隐患整改后期评估工作，通过举一反三，查找存在的类似隐患进行整改；二是要认真分析存在隐患的根本原因，建立防止类似隐患重复发生的长效机制。

建立隐患排查治理长效机制应从隐患原因分析、制定措施、落实措施等方面开展工作。

（1）隐患原因分析。一般而言，企业生产经营过程中存在隐患的原因大多是管理方面，主要表现在以下几个方面：

1）缺少良好的企业安全文化氛围，企业管理松散，员工对自身安全要求不高，生产现场管理低标准、坏习惯频频出现；

2）主要负责人及管理人员安全生产知识及管理技能低下，不能满足安全生产的要求；

3）各项管理制度落实不到位，如重大危险源场所的定期巡检、作业管理、承包商管理、装卸车管理、设备防腐蚀防泄漏管理等都可能存在落实不到位的现象；

4）操作规程执行不严格，违章指挥、违章作业、违反劳动纪律等"三违"

现象多发；

5）员工安全素质不高，风险识别和管控能力不足，现场应急处置能力不强等。

（2）制定措施。从技术、管理、人员各方面认真分析隐患存在的原因，制定有针对性的对策，在隐患整改的同时不断优化措施。

（3）落实措施。在完善措施的同时，开展举一反三活动来落实整改措施，完善相关制度，强化管理，建立长效机制并确保有效。

重大危险源操作负责人应经常与一线岗位人员沟通交流，征求员工对重大危险源隐患原因的分析情况，同时及时向技术负责人汇报发现的新问题、新情况，积极寻求解决对策，从严格遵守操作规程，做好反"三违"开始，切实防止隐患重复出现。

？ 思考题

1. 如何编制企业隐患排查工作计划？

2. 复工复产前开展隐患排查工作的目的是什么？

3. 如何理解风险、隐患、事故三者之间的关系？

第十节　重大危险源作业安全

一、特殊作业安全管理

1. 哪些作业属于特殊作业？

根据《危险化学品企业特殊作业安全规范》（GB 30871—2022），危险化学品企业生产经营过程中可能涉及的动火、进入受限空间、盲板抽堵、高处作业、吊装、临时用电、动土、断路等，对作业者本人、他人及周围建（构）筑物、设备设施可能造成危害或损毁的作业属于特殊作业。

2. 为什么要加强对特殊作业环节的安全管理？

特殊作业具有作业过程风险大，事故易发、多发的特点，容易导致人身伤亡或设备损坏，造成严重的事故后果。据统计，约有40%以上的化工生产安全事故与从事特殊作业有关。例如，2012年宁夏某化工集团公司"11·20"一氧化碳中毒事故，造成4人死亡；2015年5月16日，山西晋城某化工公司操作人员未佩戴防护用品进入受限空间实施管道维修作业时，发生硫化氢中毒，后续员工盲目施救造成事故扩大，导致8人死亡；2018年5月12日，上海赛科石化公司承包商员工进入苯储罐作业过程中，由于施工器具管理不规范，导致在作业过程中发生着火爆炸事故，导致6人死亡。

特殊作业环节已经成为化工企业生产安全事故发生的"重灾区"。《化工和危险化学品生产经营单位重大生产安全事故隐患判定标准（试行）》将"未按照国家标准制定动火、进入受限空间等特殊作业管理制度，或者制度未有效执行"列为重大生产安全事故隐患。

特殊作业过程涉及电能、热能、化学能、势能等多种能量的产生和积聚，特殊作业环节的风险特点决定了化工企业必须加强特殊作业的安全管理，尤其是加强重大危险源场所的特殊作业管理更是企业安全管理的重点。

3. 特殊作业过程存在的主要风险是什么？

特殊作业过程中主要存在可能导致火灾、爆炸、中毒和窒息、触电、物体打击、机械伤害、起重伤害、车辆伤害、高处坠落、灼烫、坍塌、淹溺等事故的风险。

（1）动火作业。在存在易燃易爆气体、液体、粉尘等环境下实施动火作业，如果易燃易爆物不能有效隔离，在引入点火源后很容易引起燃烧甚至爆炸。在已经经气体检测分析合格的场所进行动火作业，也可能会因附着在设备管道内壁的残留物料受热再次产生易燃易爆气体，引发火灾爆炸。

（2）进入受限空间作业。进入受限空间作业过程中，可能存在中毒、缺氧窒息、火灾燃爆及淹溺、高处坠落、触电、物体打击、机械伤害、灼烫、坍塌、高温高湿等各类风险，包括：

1）进入盛装过有毒、可燃物料的受限空间，在置换、吹扫或蒸煮不彻底，残留或逸出有毒、可燃气体时，可能导致作业人员中毒、火灾爆炸；

2）在分析合格的受限空间内实施清理积料作业，翻动、排出积料时造成有毒、可燃气体重新逸出，可能导致作业人员中毒、火灾爆炸；

3）因与受限空间连通的管道未严密封堵，导致可燃、有毒气体窜入受限空间内，可能导致作业人员中毒、火灾爆炸；

4）因未保持受限空间内空气良好流通而使氧含量不足，可能导致作业人员缺氧窒息；

5）进入带有电气设施的空间，因对作业设备上的电器电源未采取可靠的断电等措施，可能导致作业人员触电；

6）进入带有搅拌器的设备内作业未办理停电手续，若发生误操作可能导致作业人员机械伤害；

7）因作业人员未佩戴必要的个体防护装备，而可能导致个体伤害；

8）在受限空间内高处作业，因个体防护设施不全可能导致作业人员高处坠落以及脚手架搭设不牢造成坍塌；

9）因盲目施救而可能导致事故扩大化；

10）进入有积水的地下水池清料，因作业不当可能导致作业人员淹溺。

（3）盲板抽堵作业。盲板抽堵作业过程中，最主要的风险是中毒窒息、灼烫（化学灼伤、烫伤或冻伤）、火灾爆炸、物体打击等，其次是机械伤害、起重伤害，根据具体的作业情况，可能的风险还有高处坠落、触电等。盲板抽堵作业时，设备（管道）内的介质往往难以彻底处理干净，管道内压力有时也难以泄至常压，根据介质的不同危险特性，从而会产生中毒窒息、灼烫（化学灼伤、烫伤或冻伤）、火灾爆炸等危害。对使用的工具操作不慎、误操作，也可能导致物体打击、机械伤害、起重伤害等事故的发生，在管廊上或高处平台上作业，也存在高处坠落的风险。

（4）高处作业。在高处作业时，如果护栏、围挡等安全措施不到位，作业人员在作业时未系安全带或安全带悬挂、使用不当，或在高处行走时失足，都有可能导致人员意外跌落，造成高处坠落事故。

（5）吊装作业

1）吊装作业现场有含危险物料的设备、管道，如操作不当，吊具或吊物碰撞设备、管道，可能会损坏设备、管道，并导致危险物料泄漏，继而再导致人员中毒、化学灼伤、火灾爆炸等事故。

2）靠近高架电力线路进行吊装作业时，如果操作不当，吊具或吊物碰撞带电线路，可能造成人员触电、电力线路损坏、供电线路停电等事故。

3）遇大雪、暴雨、大雾、六级及以上大风露天吊装作业时，视线不清、湿滑、风大等原因可能导致多种起重伤害或吊物损坏。

4）起重机械、吊具、索具、安全装置等存在问题，吊具、索具未经计算选择使用等原因，容易导致吊装过程中吊具、索具等损坏，吊物坠落损坏。

5）未按规定负荷进行吊装、未进行试吊、吊车支撑不规范不稳，导致吊车倾覆。

6）利用管道、管架、电杆、机电设备等作为吊装锚点，造成管道、管架、电杆、机电设备损坏，并可能引发其他次生事故。

7）吊物捆绑、紧固、吊挂不牢，吊挂不平衡，索具打结、不齐，斜拉重物，棱角吊物与钢丝绳之间无衬垫等情况，导致吊物坠落。

8）吊装过程中吊物及起重臂移动区域下方有人员经过或停留、吊物上有人、吊物坠落、物体打击等可能造成人员伤亡。

9）吊装操作人员、指挥人员不专业，操作不规范，导致多种起重事故。

10）吊机操作人员位于高处时，因行走不慎，造成高处坠落。

（6）临时用电作业。临时用电作业过程中可能潜在的风险主要表现在人员触电风险和火灾爆炸。

1）人员触电风险。人员操作不当、违章操作、电气设备绝缘破坏、保护接地失效等情况导致人员触电。作业人员使用了不绝缘的设备进行带电操作，也同样可能会造成人员触电；电气设备设施绝缘破坏、未设置保护接地或接地断开，使电气设备意外带电，也会引起人员触电事故。

2）火灾爆炸风险。在防爆区域内使用非防爆电气设备，因电火花、高温表面而引发火灾、爆炸。在防爆区接线过程中，如果电气线路及电气设备接触不良，送电时可能发生电气打火引发火灾爆炸。

电气设备过载、接触不良可导致电气设施过热引发火灾。临时用电作业线路及作业点周围可燃物没有清理，因过载、线路接触不良等原因，设备、线路连接处等部位会造成局部高温，并引发可燃物，引起火灾。

（7）动土作业和断路作业

1）火灾爆炸、触电、人员中毒等风险。破坏地下的电缆（通信、动力、监控等）、管线（消防水、工艺水、污水、危险化学品介质等）等地下隐蔽设施，并进而引发触电、区域停电、危险介质泄漏、人员中毒、火灾爆炸、装置停车等事故。

2）坍塌风险。未设置支护设施、水渗入作业层面等情况可能造成塌方，导致人员受困。

3）机械伤害风险。使用机械挖掘或两人以上同时挖土时相距较近，造成人员意外机械伤害。

4. 特殊作业过程可能存在哪些问题？

（1）动火作业时对作业场所易燃易爆气体检测不达标即进行作业。

（2）实施特殊作业前，未办理作业票即开始作业。

（3）在火灾爆炸危险场所作业时使用非防爆工具作业。

（4）动火作业时因分级不准确而降低审批要求，导致风险管控措施不足。

（5）进入受限空间作业时因受限空间内易燃易爆、有毒有害气体置换不达标而强行进入作业。

（6）实施特殊作业时，涉及特种作业的人员无证上岗、违章作业。

（7）实施特殊作业时，因缺乏监护人或监护人未履行职责。

（8）实施特殊作业时，采取的各种风险管控措施不到位或缺失。

（9）企业未制定特殊作业安全管理制度，相关人员不清楚自身在特殊作业管理过程中的职责而造成管理"真空"。

（10）企业特殊作业过程中出现变更或存在关联作业，未按照要求及时办理相关作业票造成风险管控措施不足。

5. 应如何管控动火作业过程的风险？

《危险化学品企业特殊作业安全规范》（GB 30871—2022）对动火作业过程提出的风险管控措施主要有以下几个方面。

（1）作业前，应采用倒空、隔绝、清洗、置换等方式对拟作业的设备设施、管线进行处理，对具有能量的设备设施、环境应采取可靠的能量隔离措施。

（2）动火作业应由经培训取得相应证书的人员进行专人监护，作业前应清除动火现场及周围的易燃物品，或采取其他有效安全防火措施，并配备消防器材，满足作业现场应急需求。

（3）凡在盛有或盛装过助燃或易燃易爆危险化学品的设备、管道等生产、储存设施及火灾爆炸危险场所中生产设备上的动火作业，应将上述设备设施与生产系统彻底断开或隔离。

（4）在有可燃物构件和使用可燃物做防腐内衬的设备内部进行动火作业时，应采取防火隔绝措施。

（5）遇五级风以上（含五级风）天气，禁止露天动火作业；因生产确需动火，动火作业应升级管理。

（6）同一作业区域应减少、控制多工种、多层次交叉作业，最大限度避免交叉作业。

（7）同一作业涉及两种或两种以上特殊作业时，应同时执行各自作业要求，办理相应的作业审批手续。

（8）在油气罐区防火堤内进行动火作业时，不应同时进行切水、取样作业。

（9）动火期间，距动火点 30 m 内不应排放可燃气体；距动火点 15 m 内不应排放可燃液体；在动火点 10 m 范围内、动火点上方及下方不应同时进行可燃溶剂清洗或喷漆作业；在动火点 10 m 范围内不应进行可燃性粉尘清扫作业。

（10）使用电焊机作业时，电焊机与动火点的间距不应超过 10 m。

（11）气体分析取样时间与动火作业开始时间间隔不应超过 30 min；特级、一级动火作业中断时间超过 30 min，二级动火作业中断时间超过 60 min，应重新进行气体分析；每日动火前均应进行气体分析。

（12）对于特级动火作业，应重点关注以下事宜：

1）制定作业方案，落实安全防火防爆及应急措施；

2）在设备或管道上进行特级动火作业时，设备或管道内应保持微正压；

3）存在受热分解爆炸、自爆物料的管道和设备设施上不应进行动火作业；

4）生产装置运行不稳定时，不应进行带压不置换动火作业；

5）对特级动火作业应采集全过程作业影像。

操作负责人要对需要实施动火的设备设施停车后的隔离、清洗置换方案的可行性和可靠性进行审核并现场落实，根据不同作业场所作业环境情况，确定动火级别并按照不同级别审批要求提交审批。在动火作业票签批过程中，认真核实安全措施情况、气体检测分析结果的合规性以及采样过程的代表性，做到安全状况清楚，安全措施合理、齐全到位，并在作业现场签字。在作业过程中还要注意发现作业人员的违章行为，确保作业过程符合要求，同时对执行动火作业的承包商进行业绩评定，及时向技术负责人通报评定结果。

6. 应如何管控受限空间作业过程的风险？

《危险化学品企业特殊作业安全规范》（GB 30871—2022）对进入受限空间作业过程提出的风险管控措施主要有以下几个方面。

（1）作业前，应采用倒空、隔绝、清洗、置换等方式对拟作业的设备设施、管线进行处理，对具有能量的设备设施、环境应采取可靠的能量隔离措施。

（2）作业前，应保持受限空间内空气流通良好。

（3）作业前，确保受限空间内的气体环境满足作业要求。

（4）作业现场设置满足作业要求的照明装备，照明电压不应超过 36 V；在潮湿容器、狭小容器内作业电压不应超过 12 V；在盛装过易燃易爆气体、液体等介质的容器内作业应使用防爆灯具；在可燃性粉尘爆炸环境中作业时应采用符合相应防爆等级要求的灯具。

（5）作业时，作业现场应配置移动式气体检测报警仪，连续检测受限空间内可燃气体、有毒气体及氧气浓度。

（6）对作业设备上的电器电源，应采取可靠的断电措施，电源开关处应上锁并加挂警示牌。

（7）进入受限空间作业人员应正确穿戴相应的个体防护装备，使用防爆工器具。

（8）当一处受限空间存在动火作业时，该处受限空间内不应安排涂刷油漆、涂料等其他可能产生有毒有害、可燃物质的作业活动。

（9）监护人应在受限空间外进行全程监护，不应在无任何防护措施的情况下探入或进入受限空间。

（10）同一作业区域应减少、控制多工种、多层次交叉作业，最大限度避免交叉作业；同一作业涉及两种或两种以上特殊作业时，应同时执行各自作业要求，办理相应的作业审批手续。

操作负责人要对需要实施进入受限空间作业的设备设施停车后的隔离、清洗置换方案的可行性和可靠性进行审核并现场落实，在作业票签批过程中，认真核实安全措施情况、气体检测分析结果的合规性以及采样过程的代表性，做到安全状况清楚，安全措施合理、齐全到位，并在作业现场签字。在作业过程中还要注意发现作业人员的违章行为，确保作业过程符合要求，同时对执行进入受限空间作业的承包商进行行业绩评定，及时向技术负责人通报评定结果。

7. 应如何管控盲板抽堵作业过程的风险？

《危险化学品企业特殊作业安全规范》（GB 30871—2022）对盲板抽堵作业过程提出的风险管控措施主要有以下几个方面。

（1）作业前，应预先绘制盲板位置图，对盲板进行统一编号，并按位置图进行盲板抽堵作业。

（2）在不同危险化学品企业共用的管道上进行盲板抽堵作业，作业前应告知上下游相关单位。

（3）应根据管道内介质的性质、温度、压力和管道法兰密封面的口径等选择相应材料、强度、口径和符合设计、制造要求的盲板及垫片。

（4）作业前系统应降低系统管道压力至常压，保持作业现场通风良好，并设专人监护。

（5）火灾爆炸危险场所进行盲板抽堵作业时，作业人员应穿防静电工作服、工作鞋，并使用防爆工具；距盲板抽堵作业地点 30 m 内不应有动火作业。

（6）在强腐蚀性介质的管道、设备上进行盲板抽堵作业时，作业人员应采取防止酸碱化学灼伤的措施。

（7）在介质温度较高或较低、可能造成人员烫伤或冻伤的管道、设备上进行盲板抽堵作业时，作业人员应采取防烫、防冻措施。

（8）在有毒介质的管道、设备上进行盲板抽堵作业时，作业人员应配备防护用具；在涉及硫化氢、氯气、氨气、一氧化碳及氰化物等毒性气体的管道、设备上进行作业时还应佩戴移动式气体检测仪。

（9）不应在同一管道上同时进行两处或两处以上的盲板抽堵作业。

（10）同一作业区域应减少、控制多工种、多层次交叉作业，最大限度避免交叉作业；同一作业涉及两种或两种以上特殊作业时，应同时执行各自作业要求，办理相应的作业审批手续。

操作负责人要根据绘制的盲板位置图现场落实实施方案，在作业票签批过程中，认真核实安全措施情况，做到安全状况清楚，安全措施合理、齐全到位，并在作业现场签字。在作业过程中还要注意发现作业人员的违章行为，确保作业过程符合要求，同时对执行作业的承包商进行业绩评定，及时向技术负责人通报评定结果。

8. 应如何管控临时用电作业过程的风险？

《危险化学品企业特殊作业安全规范》（GB 30871—2022）对临时用电作业过程提出的风险管控措施主要有以下几个方面。

（1）在运行的火灾爆炸危险性生产装置、罐区和具有火灾爆炸危险场所内不应接临时电源，确实需要时应对周围环境进行可燃气体检测分析。

（2）在开关上接引、拆除临时用电线路时，其上级开关应断电、加锁，并挂安全警示标牌，接、拆线路作业时，应有监护人在场。

（3）临时用电应设置保护开关，使用前应检查电气装置和保护设施的可靠性；所有的临时用电均应设置接地保护。

（4）火灾爆炸危险场所应使用相应防爆等级的电气元件，并采取相应的防爆安全措施。

（5）临时用电设备和线路应按供电电压等级和容量正确配置、使用，所用的电器元件应符合国家相关产品标准及作业现场环境要求，临时用电电源施工、安装应符合标准要求，并有良好的接地。

（6）临时用电线路及设备应有良好的绝缘，所有的临时用电线路应采用耐压等级不低于 500 V 的绝缘导线。

（7）临时用电线路经过火灾爆炸危险场所以及有高温、振动、腐蚀、积水及产生机械损伤等区域，不应有接头，并应采取相应的保护措施。

（8）临时用电架空线应采用绝缘铜芯线，并应架设在专用电杆或支架上，其最大弧垂与地面距离，在作业现场不低于 2.5 m，穿越机动车道不低于 5 m。

（9）在电缆敷设路径附近，当有产生明火的作业时，应采取防止火花损伤电缆的措施。

（10）现场临时用电配电盘、箱应有电压标志和危险标志，应有防雨措施，盘、箱、门应能牢靠关闭并上锁管理。

（11）临时用电设施应安装符合规范要求的漏电保护器，移动工具、手持式电动工具应逐个配置漏电保护器和电源开关。

（12）未经批准，临时用电单位不应向其他单位转供电或增加用电负荷，以及变更用电地点和用途。

（13）同一作业涉及两种或两种以上特殊作业时，应同时执行各自作业要求，办理相应的作业审批手续。

操作负责人要对需要实施临时用电的现场情况进行落实，根据不同作业场所作业环境情况，确定是否需进行气体分析。在作业票签批过程中，认真核实安全措施情况、气体检测分析结果的合规性以及采样过程的代表性，做到安全状况清楚、安全措施合理、齐全到位，并在作业现场签字。在作业过程中还要时刻注意发现作业人员的违章行为，确保作业过程符合要求，同时对执行作业的承包商进行业绩评定，及时向技术负责人通报评定结果。

9. 应如何管控吊装作业过程的风险?

《危险化学品企业特殊作业安全规范》（GB 30871—2022）对吊装作业过程提出的风险管控措施主要有以下几个方面。

（1）一、二级吊装作业，应编制吊装作业方案。吊装物体质量虽不足 40 t，但形状复杂、刚度小、长径比大、精密贵重，以及在作业条件特殊的情况下，三级吊装作业也应编制吊装作业方案。

（2）吊装场所如有含危险物料的设备、管道时，应制定详细吊装方案，并对设备、管道采取有效防护措施。

（3）不应靠近高架电力线路进行吊装作业；确需在电力线路附近作业时，起重机械的安全距离应大于起重机械的倒塌半径并符合安全的要求。

（4）大雪、暴雨、大雾、六级及以上大风时，不应露天作业。

（5）应按规定负荷进行吊装，吊具、索具应经计算选择使用，不应超负荷吊装。

（6）吊装指挥、司索工等人员应按规定要求取得相应资格证书。

在重大危险源场所实施的吊装作业，操作负责人要督促承担吊装作业的单位根据要求编制吊装方案，经审核后提交技术负责人核准。组织人员对符合要求的吊装作业办理作业票，现场确认各项安全措施准备情况，做到安全状况清楚，安全措施合理、齐全到位，并在作业现场签字。在作业过程中还要注意发现作业人员的违章行为，确保作业过程符合要求，同时对执行吊装作业的承包商进行业绩评定，及时向技术负责人通报评定结果。

10. 应如何管控断路作业和动土作业过程的风险?

《危险化学品企业特殊作业安全规范》（GB 30871—2022）对断路作业过程提出的风险管控措施主要有以下几个方面。

（1）作业前，应制定交通组织方案，满足应急救援要求。

（2）使用特种机械，应由取得相关证书的人员操作。

（3）根据需要在断路的路口和相关道路上设置交通警示标志，在作业区域附近设置路栏、道路作业警示灯、导向标等交通警示设施；在夜间或雨、雪、雾天进行断路作业时设置道路作业警示灯。

对动土作业过程提出的风险管控措施主要有以下几个方面。

（1）作业前，应了解地下隐蔽设施的分布情况，有地下隐蔽设施的场所动土，应采取保护措施。

（2）作业现场应根据需要设置护栏、盖板和警告标志，夜间应悬挂警示灯。

（3）在生产装置区、罐区等危险场所动土时，遇有埋设的易燃易爆、有毒有害介质管线、窨井等可能引起燃烧、爆炸、中毒、窒息危险，且挖掘深度超过1.2 m时，应执行受限空间作业相关规定。

（4）机械开挖时，应避开构筑物、管线，在距管道边1 m范围内应采用人工开挖；在距直埋管线2 m范围内宜采用人工开挖，避免对管线或电缆造成影响。

（5）动土范围较大，可能造成道路中断的，应按照断路作业要求执行。

操作负责人要对重大危险源区域需要实施动土或断路的场所进行现场核实，认真核实安全措施情况和交通组织情况，做到安全状况清楚，安全措施合理、齐全到位，并在作业现场签字。在作业过程中还要注意发现作业人员的违章行为，确保作业过程符合要求，同时对执行作业的承包商进行业绩评定，及时向技术负责人通报评定结果。

11. 应如何管控高处作业过程的风险？

《危险化学品企业特殊作业安全规范》（GB 30871—2022）对高处作业过程提出的风险管控措施主要有以下几个方面。

（1）应根据实际需要配备符合安全要求的作业平台、吊笼、梯子、挡脚板、跳板、脚手架等。

（2）高处作业人员应佩戴符合要求的安全带和安全绳，30 m以上高处作业应配备通信联络工具。

（3）在邻近排放有毒、有害气体、粉尘的放空管线或烟囱等场所进行作业时，应预先与作业属地生产人员取得联系，并采取有效的安全防护措施。

（4）雨天和雪天作业时，应采取可靠的防滑、防寒措施；遇有五级风以上（含五级风）、浓雾等恶劣天气，不应进行高处作业、露天攀登与悬空高处作业。

（5）在同一坠落方向上，一般不应进行上下交叉作业，如需进行交叉作业，中间应设置安全防护层，坠落高度超过 24 m 的交叉作业，应设双层防护。

（6）拆除脚手架、防护棚时，应设警戒区并派专人监护，不应上下同时施工。

操作负责人要对重大危险源场所需要实施的高处作业进行现场核实，根据不同作业高度及不同作业内容情况，确定高处作业的要求，督促办理作业票，做到安全状况清楚，安全措施合理、齐全到位，并在作业现场签字。在作业过程中还要注意发现作业人员的违章行为，尤其是要督查承包商在高处作业时不系安全带的现象，确保作业过程符合要求，同时对执行作业的承包商进行业绩评定，及时向技术负责人通报评定结果。

二、试生产安全管理

1. 试生产过程中可能出现的安全风险有哪些？

化工项目（包括重大危险源新、改、扩项目）试生产过程中可能出现设备管道损坏风险，火灾爆炸风险，机械伤害风险，灼烫伤风险，触电伤害风险，中毒、窒息风险，高处坠落及物体打击伤害风险等。一旦风险失控，可能造成财产损失，甚至会造成人员伤亡等事故。

（1）设备管道损坏风险。在试生产中发生设备管道的损坏是最有可能发生的问题，主要原因有以下两个方面。

1）生产装置本身存在设计缺陷，不满足生产运行要求，而未被发现或认识到，或者安装质量把关不严、试车调试过程不细致达不到开车要求，或对潜在的隐患未能在验收中发现，在试生产时才反映出来。

2）试生产人员对生产装置和开车方案生疏，操作不熟练甚至出现误操作，引发设备损坏事故发生。一旦发生此类事故，轻则造成财产损失，影响试生产进度，重则造成人员伤亡。例如，2015 年福建腾龙芳烃（漳州）有限公司"4·6"

爆炸着火事故就是因焊接质量问题导致管道焊口断裂发生的泄漏引起的。

（2）火灾爆炸风险。在试生产过程中由于操作人员违规操作，装置区安装的防爆电气、照明设施未做好检查、维修，防爆性能不满足要求，防雷防静电设施不完好，未严格执行动火作业管理，压力容器、压力管道超温超压运行等，均可能造成火灾、爆炸。

（3）机械伤害风险。试生产过程中存在大量的转动设备，转动机械设备的传动装置未安装防护栏、防护罩，未采用隔离措施，可能造成机械伤害。

（4）灼烫伤风险。试生产过程中接触高、低压蒸汽及高温物料、腐蚀物料等，可能会造成人员灼伤、烫伤。

（5）触电伤害风险。试生产装置中电气设备较多，高低压并存，绝缘不良，安全防护不全，电器设备检修时操作不当，电气及线路腐蚀损坏，露天电气设备、开关进水受潮，防护用品和工具质量有缺陷等原因可能引发触电伤害。

（6）中毒、窒息风险。试生产过程中可能存在二氧化碳、氮气等窒息气体，设备和管道密封不严，或发生泄漏事故，会引起中毒、窒息的风险。在催化剂充填过程中或冷箱保冷材料填充过程中，容易造成人员中毒。

（7）高处坠落及物体打击伤害风险。试生产过程中，部分操作和巡回检查可能在高处进行，存在人员从高处坠落的风险，高处坠落及物体打击伤害也是试生产中容易出现的风险。

（8）气密性试压时设备、管线的试验压力一般都较高，如果出现关闭安全阀或截止阀、压力过大、管道焊接质量不达标等情况，会有气密性试压时气体喷出伤人的风险。在管道吹扫过程中，高压气体排放口如果未采取隔离措施，人员误入排放口区域，可能造成人员受伤。

（9）使用"四新"过程中存在的风险。新建项目可能会使用新工艺、新设备、新技术、新材料，在试生产期间，由于这些工艺、设备是第一次使用，可能存在工艺技术不成熟、设备性能不稳定、人员不会操作等问题，从而导致事故发生。尤其是涉及新开发的危险化工工艺，未开展风险评估工作即投入使用，风险极大。

（10）试生产期间，参与单位和参与人员众多，现场秩序可能存在混乱现象，管理界限不清，可能因职责不清造成"管理真空"，容易导致事故发生。

2. 化工生产装置在试生产前应做好哪些准备工作？

生产准备工作应从化工建设项目（包括重大危险源新、改、扩项目）审批（核准、备案）后开始。建设（生产）单位应将生产准备工作纳入项目建设的总体统筹计划，及早组织生产准备部门及聘请设计、施工、监理、生产方面的专家参与其中。重大危险源操作负责人要参与各种试生产工作方案的编制工作，并配合技术负责人完成方案编制和审核工作，同时负责监督实施。主要准备工作如下。

（1）组织准备。一般包括生产准备和试车的领导机构、工作机构的建立，明确负责人、成员、工作职责、工作标准、工作流程等相关规定，建立健全各项管理规章制度。

（2）人员准备。根据审批的定员及人员配备计划，配齐各级管理人员、技术人员、技能操作人员。同时做好相关岗位人员的培训工作，并经考试合格后，方可进行试生产相关工作。

（3）技术准备。编印技术资料、图样、操作手册。编制各种技术规程、岗位操作法和安全操作规程；编制各类综合性技术资料；编制企业管理的各项规章制度；编制大机组试车和系统干燥、置换及"三剂"（催化剂、溶剂、干燥剂）装填、保护等方案，并配合施工单位编制系统吹扫、气密及化学清洗方案；编制覆盖全部试车项目的各种试车方案。

（4）安全准备

1）安全生产管理机构的建立和人员配备、培训、考核。

2）安全生产责任制、安全管理制度和安全操作技术规程。

3）全员安全培训计划。

4）同类装置安全事故案例搜集、汇编以及教育安排。

5）装置试车涉及的每种物质的防火注意事项和灭火处理措施。

6）安全、消防、救护等应急设施使用维护管理规程和消防设施分布及使用资料。

7）化工装置的风险识别及试车的风险评价或危险与可操作性分析（HAZOP），重大危险源辨识。

8）应急救援预案、组织和队伍。

9）周边环境安全条件及控制措施。

10）化工装置试车过程中的区域限制。

（5）物资准备。做好主要原料、燃料及试车物料、辅助材料、生产专用工具、工器具、管道、管件、阀门等采购计划提报、到货验收、现场使用等方面的物资准备工作。

（6）外部条件准备。落实外部供给的电力、水源、蒸汽等动力的联网及供给时间，厂外道路、雨排水、工业污水等工程的接通。

（7）产品储存及物流运输准备。

（8）其他准备。后勤服务保障准备；技术提供、专利持有或承包方配合的有关准备。

3. 化工生产装置试生产前各环节的安全管理要求有哪些？

化工生产装置试生产前，建设单位或总承包商要及时组织设计、施工、监理、生产等单位的工程技术人员开展"三查四定"（三查：查设计漏项、查工程质量、查工程隐患；四定：整改工作定任务、定人员、定时间、定措施），确保施工质量符合有关标准和设计要求。

（1）系统吹扫冲洗安全管理。在系统吹扫冲洗前，要在排放口设置警戒区，拆除易被吹扫冲洗损坏的所有部件，确认吹扫冲洗流程、介质及压力。蒸汽吹扫时，要落实防止人员烫伤的防护措施。

（2）气密试验安全管理。要确保气密试验方案全覆盖、无遗漏，明确各系统气密的最高压力等级。高压系统气密试验前，要分成若干等级压力，逐级进行气密试验。真空系统进行真空试验前，要先完成气密试验。要用盲板将气密试验系统与其他系统隔离，严禁超压。气密试验时，要安排专人监控，发现问题，及时处理。做好气密检查记录，签字备查。

（3）单机试车安全管理。企业要建立单机试车安全管理程序。单机试车前，要编制试车方案、操作规程，并经各专业确认。单机试车过程中，应安排专人操作、监护、记录，发现异常立即处理。单机试车结束后，建设单位要组织设计、施工、监理及制造商等方面人员签字确认并填写试车记录。

（4）联动试车安全管理。联动试车应具备下列条件：所有操作人员考核合格并取得上岗资格；公用工程系统已稳定运行；试车方案和相关操作规程、经审查批准的仪表报警和联锁值已整定完毕；各类生产记录、报表已印发到岗位；负责统一指挥的协调人员已经确定。引入燃料或窒息性气体后，企业必须建立并执行每日安全调度例会制度，统筹协调全部试车的安全管理工作。

（5）投料安全管理。投料前，要全面检查工艺、设备、电气、仪表、公用工程和应急准备等情况，具备条件后方可进行投料。投料及试生产过程中，管理人员要现场指挥，操作人员要持续进行现场巡查，设备、电气、仪表等专业人员要加强现场巡检，发现问题及时报告和处理。投料试生产过程中，要严格控制现场人数，严禁无关人员进入现场。

4. 试生产考核的内容有哪些?

试生产考核的主要目的是对化工装置的生产能力、安全性能、工艺指标、环保指标、产品质量、设备性能、自控水平、消耗定额等是否达到设计要求进行全面考核，包括对配套的公用工程和辅助设施的能力进行全面鉴定。试生产考核的主要内容如下：

（1）装置生产能力；

（2）原料、燃料及动力指标；

（3）主要工艺指标；

（4）产品质量和成本；

（5）自控仪表、在线分析仪表和工艺联锁、安全联锁的投用情况；

（6）机电设备的运行状况；

（7）安全设施的稳定性、有效性以及安全生产管理情况；

（8）"三废"排放达标情况；

（9）设计合同规定要考核的其他项目。

5. 试生产总结的内容有哪些?

建设（生产）单位原则上应在化工投料试车结束后半年内（中、小型化工装置 3 个月内），在对原始记录整理、归纳、分析的基础上，写出化工装置的试车总结，留存备案。试车总结应重点包括以下内容：

（1）各项生产准备工作；

（2）试车实际步骤与进度；

（3）试车实际网络与计划网络的对比图；

（4）试车过程中遇到的难点与对策；

（5）开停车事故统计分析；

（6）安全设施的稳定性、有效性和存在问题及其对策措施；

（7）试车成本分析；

（8）试车的经验与教训；

（9）意见及建议。

三、开停车安全管理

1. 开停车安全管理的要求有哪些?

化工生产过程中，出现开停车的情形很多，除项目建成后的原始开车外，还有正常状态下的开停车、临时停车、紧急停车后的再开车以及大检修后的开车等。对每一种情形下的开停车操作都有不同的要求，必须分别制定方案进行管理。

《关于加强化工过程安全管理的指导意见》（安监总管三〔2013〕88 号）对开停车管理提出的要求如下。

（1）企业要制定开停车安全条件检查确认制度。在正常开停车、紧急停车后的开车前，都要进行安全条件检查确认。开停车前，企业要进行风险辨识分析，制定开停车方案，编制安全措施和开停车步骤确认表，经生产和安全管理部门审查同意后，要严格执行并将相关资料存档备查。

（2）企业要落实开停车安全管理责任，严格执行开停车方案，建立重要作业责任人签字确认制度。开车过程中装置依次进行吹扫、清洗、气密试验时，要制定有效的安全措施；引进蒸汽、氮气、易燃易爆、腐蚀性介质前，要指定有经验的专业人员进行流程确认；引进物料时，要随时监测物料流量、温度、压力、液位等参数变化情况，确认流程是否正确。要严格控制进退料顺序和速率，现场安排专人不间断巡检，监控有无泄漏等异常现象。

（3）停车过程中的设备、管线低点的排放要按照顺序缓慢进行，并做好个人防护；设备、管线吹扫处理完毕后，要用盲板切断与其他系统的联系。抽堵盲板作业应在编号、挂牌、登记后按规定的顺序进行，并安排专人逐一进行现场确认。

2. 开停车过程中存在的安全风险有哪些？

开车管理是指生产装置或设施安装、变更或检修施工状态结束，开始转入开车过程，直到开车正常、产品合格的管理过程；停车管理是指生产装置或设施从开车状态转入停车操作，包括退料、吹扫等，直到交付检修的过程。

化工装置在开停车阶段存在的安全风险因素比正常生产阶段更集中、更危险、更复杂，也是事故多发的过程，其危险性表现在以下几个方面。

（1）装置的开停车技术要求高、程序复杂、操作难度大，是一个需要多专业、多岗位紧密配合的系统工程。在开停车过程中，装置工况处于不稳定、操作条件时刻变化、不断进行操作调整的状态，全厂性的动力供应等也处于不稳定状态。

（2）对于检修后装置开车，所有设备、仪表等随着开车进度陆续投用，逐一经受检验，随时可能出现故障、泄漏等问题。

（3）对于新建装置开车，装置的流程、设备没有经过正式生产的检验，人员对新装置的认识、操作熟练程度、处理问题的经验等达不到原来装置人员的水平。因此，开停车过程的风险因素是随时变化的，也是不确定的。相比而言，新建装置的开车比老装置停车检修后的再开车风险更大。

鉴于装置开停车过程的危险性，企业对装置开停车过程应予以高度重视。

3. 紧急停车的主要内容有哪些？

紧急停车是指化工装置运行过程中，突然出现不可预见的设备故障、人员操作失误或工艺操作条件恶化等情况，无法维持装置正常运行造成的非计划性被动停车。紧急停车分为局部紧急停车、全面紧急停车。局部紧急停车是指生产过程中，某个（部分）设备或某个（部分）生产系统的紧急停车；全面紧急停车是指生产过程中，整套生产装置系统的紧急停车。

针对化工装置紧急停车的不可预见性，企业应根据设计文件和工艺装置的有关资料，全面分析可能出现紧急停车的各种前提条件，提前编制好有针对性的停车处置预案。

化工装置紧急停车时的注意事项如下。

（1）发现或发生紧急情况，必须立即按规定向生产调度部门和有关方面报告，必要时可先处理后报告。

（2）发生停电、停水、停气（汽）时，必须采取措施，防止系统超温、超压、跑料及机电设备的损坏。

（3）出现紧急停车时，生产场所的检修、巡检、施工等作业人员应立即停止作业，迅速撤离现场。

（4）发生火灾、爆炸、大量泄漏等事故时，应首先切断气（物料）源，尽快启动事故应急救援预案。

四、变更管理

1. 危险化学品企业为什么要开展变更管理？

变更管理是指对人员、工作过程、工作程序、技术、设施等永久性或暂时性的变化进行有计划的控制，确保变更带来的危害得到充分识别、风险得到有效控制的一套管理体系。未超过工艺控制范围的调整、设备设施日常维护或更换同类型设备不属于变更管理的范围。

变更会造成企业风险发生变化，不正确的变更可能导致火灾、爆炸或有毒气体泄漏等灾难性事故发生；变更过程管理不严，也极易发生安全事故。如连云港聚鑫生物公司"12·9"火灾爆炸事故就是典型的变更管理失控。事故发生的原因包括：原设计保温釜物料压入高位槽的介质为氮气，因制氮机损坏，企业擅自改用压缩空气；擅自将改造后的尾气处理系统与原有的氯化水洗尾气处理系统在三级碱吸收前连通，中间仅设置了一个管道隔膜阀，导致在使用过程中，原本两个独立的尾气处理系统实际串联成一个系统；同时企业擅自取消保温釜爆破片。河北克尔化工"2·28"重大爆炸事故也是严重的因变更管理失控，随意将原料尿素变更为双氰胺，随意提高导热油温度（将导热油加热器出口温度设定高限由215 ℃提高至255 ℃，使反应釜内物料温度接近了硝酸胍的爆燃点270 ℃），未经设计增设一台导热油加热器；在反应釜底部伴热导热油软管发生泄漏着火后，外部火源使反应釜底部温度升高，局部热量积聚，造成釜内反应产物硝酸胍和未反应的硝酸铵急剧分解爆炸。1974 年发生的英国弗利克斯伯勒（Flixborough）己内酰胺生产装置爆炸事故被公认为是变更管理研究的开端。

因此，化工企业必须高度重视变更管理，通过建立并严格执行制度来规范变更管理。而评估变更后可能产生的风险，并采取有效措施降低与管控风险，是变更管理的核心。

2. 变更管理的目的和作用是什么？

变更管理的目的是对化学品、工艺技术、设备设施、程序以及操作过程等永久性或暂时性的变更进行有计划的规范控制，消除或减少由于变更而引起的潜在事故隐患，确保人身、财产安全，不破坏环境，不损害企业的声誉。具体可以起到以下作用：

（1）控制已经做过风险分析的系统实施的变更；

（2）明确变更管理过程中的责任；

（3）通知变更可能会影响到的相关人员；

（4）保证变更时的风险识别与评价；

（5）保证资料及时更新。

3. 变更的类型及内容有哪些？

变更可分为工艺技术变更、设备设施变更和管理变更。

（1）工艺技术变更主要包括生产能力，原辅材料（包括助剂、添加剂、催化剂等）和介质（包括成分、比例的变化），工艺路线、流程及操作条件，工艺操作规程或操作方法，工艺控制参数，仪表控制系统（包括安全报警和联锁整定值的改变），水、电、汽、风等公用工程方面的改变等。

（2）设备设施变更主要包括设备设施的更新改造、非同类型替换（包括型号、材质、安全设施的变更）、布局改变，备件、材料的改变，监控、测量仪表的变更，计算机及软件的变更，电气设备的变更，增加临时的电气设备等。

（3）管理变更主要包括人员、供应商和承包商、管理机构、管理职责、管理制度和标准等发生变化。

4. 变更管理的程序是什么？

变更管理的程序一般分为四个步骤：申请—审批—实施—验收。

（1）变更申请。实施变更时，变更申请人应填写变更申请表，并由专人负责管理。

（2）变更审批。变更申请表应上报主管部门，由主管部门负责组织有关人员进行风险分析，确定变更产生的风险，制定控制措施。变更申请应逐级上报主管部门和主管领导审批。主管部门应组织有关人员按变更原因和实际生产需要确定是否进行变更。变更批准后，由各相关职责部门负责实施并形成文件。任何临时性的变更，未经审查和批准，不得超过原批准的范围和期限。

（3）变更实施。按照批准的方案选取适当的时机实施。

（4）变更验收。变更实施结束后，变更主管部门应对变更情况进行验收，确保变更达到计划要求。

变更发生后，变更主管部门应及时将变更结果通知相关部门和人员，并及时对相关人员进行培训，使其掌握新的工作程序或操作方法。在变更验收合格后，按文件管理要求，应及时修订操作规程和工艺控制参数，制定、完善管理制度，新的文件资料按有关程序及时发至有关部门和人员，及时更新相应的过程安全信息，建立变更管理档案，将变更资料及时归档保存、备查。如提出的变更在决策时被否决，其初始记录也应予以保存。

五、检维修作业管理

1. 化工企业应如何开展检维修作业管理？

化工企业检维修包括全厂停车大检修，一套或几套装置停车大修，系统、车间或生产储存装置的检维修，装置的维护保养，生产储存装置及设备在不停产状况下的抢修。

重大危险源涉及的危险化学品危险性高，且装载危险品的设备体积较大、关键设备众多，检修风险相比其他设施的检修风险要大，企业应充分认识重大危险源场所检维修作业的安全风险，重大危险源操作负责人应带领岗位操作人员全力配合，组织好重大危险源设备设施的检维修工作。

为了检维修工作安全进行，化工装置在进行检维修作业前，应根据生产操作、工艺技术和设施设备的特点，组织对检维修作业活动和场所、设施、设备及生产工艺流程进行危险、有害因素识别和风险分析。风险分析应涵盖检维修作业过程、步骤、所使用的工器具以及检修设备、装置、作业环境、作业人员情况等。根据风险分析的结果采取相应的工程技术、管理、培训教育、个体防护等方面的预防和控制措施，消除或控制检维修作业风险。凡在检维修作业前风险分析不到位、未采取和落实预防与控制措施的，一律不得实施检维修作业。

化工企业检维修作业通常涉及易燃易爆、有毒有害物质，又经常进行动火、进入受限空间、盲板抽堵等特殊作业，极易导致火灾、爆炸、中毒、窒息事故的发生。目前化工企业通常将检维修作业委托外部施工单位承担，客观上增加了安全管理环节，加大了安全管理的难度。如果没有完善的安全管理和较强的施工能力，施工作业的安全风险很高。

化工装置的所有检维修作业都要预先制定检维修方案，明确检维修项目安全负责人和安全技术措施；对检维修人员、监护人员进行安全培训教育和方案现场交底，使其掌握检维修过程及安全措施。检维修前，应确保生产装置的工艺处理和设备的隔绝、清洗、置换等安全技术措施满足安全要求，用于检维修的设备、工器具符合国家相关安全规范的要求，检维修现场设立安全警示标志，采取有效安全防护措施，保证消防和行车通道畅通，应急救援器材、劳动保护用品、通信和照明设备等保证完好并满足安全要求。检维修工作过程中，生产装置出现异常情况可能危及人员安全时，立即通知检维修人员停止作业，迅速撤离作业场所，异常情况排除且确认安全后，方可恢复作业；建立质量安全过程管理机制，加强对关键检维修作业的质量控制，防止致命质量缺陷进入试压或生产运行等环节；严格执行交接验收手续，确保检维修后的设备设施安全运行。

2. 化工企业应如何开展设备预防性维修工作？

预防性维修是通过对设备使用情况的综合分析，预测设备未来使用性能情况，在设备出现故障前及时开展维修，使设备始终保持良好的运行状态，可大大避免设备故障造成的损失，同时延长设备的经济寿命。

预防性维修是将设备维修由传统的"事后维修"转变成"预防性维修或预知性维修"。实施预防性维修的技术支撑是开展检测、检查、监测，建立故障模型，对失效/损伤机理进行识别。应重点做好以下几个方面工作。

（1）企业应编制设备检维修计划，并按计划开展检维修工作。

（2）对重点检修项目应编制检维修方案，方案内容应包含作业安全分析、安全风险管控措施、应急处置措施及安全验收标准。

（3）检维修过程中涉及特殊作业的，应执行《危险化学品企业特殊作业安全规范》（GB 30871—2022）的要求。

（4）安全设施应编入设备检维修计划，定期检维修。安全设施不得随意拆除、挪用或弃置不用，因检维修拆除的，检维修完毕后应立即复原。

（5）关键设备要装备在线监测系统。要定期监（检）测检查关键设备、连续监（检）测检查仪表，及时消除静设备密封件、动设备易损件的安全隐患。定期检查压力管道阀门、螺栓等附件的安全状态，及早发现和消除设备缺陷。

（6）编制动设备操作规程，确保动设备始终具备规定的工况条件。自动监测大机组和重点动设备的转速、振动、位移、温度、压力、腐蚀性介质含量等运行参数，及时评估设备运行状况。加强动设备润滑管理，确保动设备运行可靠。

（7）在风险分析的基础上，确定安全仪表功能（SIF）及其相应的功能安全要求或安全完整性等级（SIL）。要按照《过程工业领域安全仪表系统的功能安全》（GB/T 21109—2007）和《石油化工安全仪表系统设计规范》（GB/T 50770—2013）的要求，设计、安装、管理和维护安全仪表系统。

❓ 思考题

1. 如何做好在重大危险源场所尽量"不动火"或"少动火"？

2. 重大危险源操作负责人如何带领岗位员工落实好企业特殊作业管理制度？

3. 企业紧急停车有何风险，采取的安全措施有哪些？

4. 企业在检修作业过程中应关注哪些风险，采取的安全措施有哪些？

第十一节　安全标志

一、安全警示标志

1. 作业场所设置安全标志有何作用？安全标志是如何分类的？

安全标志用以表达特定的安全信息，由图形符号、安全色、几何形状（边框）或文字构成。安全标志是规范作业现场、降低现场作业隐患的有力工具之一，正确挂置安全标志也是营造良好的作业现场环境的必备工作。安全标志通过禁止、警告、指令和提示的方式指导工作人员安全作业、规避危险，从而达到避免事故发生的目的。当危险发生时，它能够指示人们尽快逃离，或者指示人们采取正确、有效、得力的措施，对危害加以遏制，从而实现人员伤亡和经济损失最小化的目的。安全标志不仅类型要与所警示的内容相吻合，而且设置位置要正确合理，面对的作业人员对象要明确，否则难以充分发挥警示作用。

根据《安全标志及其使用导则》（GB 2894—2008）的要求，国家规定了 4 类传递安全信息的安全标志，具体内容如下。

（1）禁止标志。禁止标志是禁止人们不安全行为的图形标志。禁止标志的几何图形是带斜杠的圆环，其中圆环与斜杠相连，用红色；图形符号用黑色，背景用白色。禁止标志共有 40 个，如"禁止吸烟""禁止烟火""禁止带火种""禁止用水灭火""禁止放置易燃物""禁止堆放""禁止启动""禁止合闸""禁止转动"等。

（2）警告标志。警告标志是提醒人们对周围环境引起注意，以避免可能发生危险的图形标志。警告标志的几何图形是黑色的正三角形，图形符号用黑色，背景用黄色。警告标志共有 39 个，如"注意安全""当心火灾""当心爆炸""当心腐蚀""当心中毒""当心感染""当心触电""当心电缆""当心自动启动""当心机械伤人""当心塌方""当心冒顶""当心坑洞""当心落物""当心吊物"等。

（3）指令标志。指令标志是强制人们必须做出某种动作或采用防范措施的图形标志。指令标志的几何图形是圆形，图形符号用白色，背景用蓝色。指令标志共有 16 个，如"必须戴防护眼镜""必须佩戴遮光护目镜""必须戴防尘口罩""必须戴防毒面具""必须戴护耳器""必须戴安全帽""必须戴防护帽""必须系安全带""必须穿救生衣""必须穿防护服"等。

（4）提示标志。提示标志是向人们提供某种信息（如标明安全设施或场所等）的图形标志。提示标志的几何图形是方形，图形符号及文字用白色，背景用绿色。提示标志共有 8 个，如"紧急出口""避险处""应急避难场所""可动火区""击碎板面""急救点""应急电话""紧急医疗站"。

安全标志图案样例如图 2-6 所示。

2. 工业管道标识的设置要求有哪些？

企业应按《工业管道的基本识别色、识别符号和安全标识》（GB 7231—2003）的要求设置重大危险源场所工业管道标识。

禁止标志　　　　警告标志　　　　指令标志　　　　提示标志

图 2-6　安全标志图案样例

（1）管道基本识别色

1）根据重大危险源管道内物质的一般性能，分为 8 类（水、水蒸气、空气、气体、酸或碱、可燃液体、其他液体、氧），对应 8 种基本识别色（分别对应为艳绿、大红、淡灰、中黄、紫、棕、黑、淡蓝）。

2）管道基本识别色标识方法。企业可从以下 5 种方法中选择工业管道的基本识别色标识方法：

①管道全长上标识；

②在管道上以宽为 150 mm 的色环标识；

③在管道上以长方形的识别色标牌标识；

④在管道上以带箭头的长方形识别色标牌标识；

⑤在管道上以系挂的识别色标牌标识。

（2）工业管道识别符号。工业管道识别符号由物质名称、流向和主要工艺参数等组成。

（3）工业管道危险标识。凡属于《化学品分类和危险性公示　通则》（GB 13690—2009）所列的危险化学品，其管道应设置危险标识。

1）危险标识表示方法：在管道上涂 150 mm 宽黄色，在黄色两侧各涂 25 mm 宽黑色的色环或色带，安全色范围应符合《安全色》（GB 2893—2008）的规定。

2）危险标识表示场所：在基本识别色的标识上或附近。

（4）消防标识。企业重大危险源消防专用管道应遵守《消防安全标志　第 1 部分：标志》（GB 13495.1—2015）的规定，并在管道上标识"消防专用"识别符号。

3. 职业病危害警示标识的设置要求有哪些?

企业应按《工作场所职业病危害警示标识》(GBZ 158—2003) 的要求,设置职业病危害警示标识。

(1) 设置警示线。警示线是界定和分隔危险区域的标识线,分为红色、黄色和绿色三种。按照需要,警示线可喷涂在地面或制成色带设置。在高毒物品重大危险源场所,应设置红色警示线。在一般有毒物品重大危险源场所,应设置黄色警示线。警示线设在重大危险源场所外缘不小于 30 cm 处。

(2) 设置警示语句。警示语句是一组表示禁止、警告、指令、提示或描述工作场所职业病危害的词语。警示语句可单独使用,也可与图形标识组合使用。

(3) 设置有毒物品作业岗位职业病危害告知卡。告知卡是针对某一职业病危害因素,告知劳动者危害后果及其防护措施的提示卡。企业应根据实际需要,在重大危险源的醒目位置设置由各类图形标识和文字组合成的有毒物品作业岗位职业病危害告知卡。依据《高毒物品目录》,在使用高毒物品作业岗位醒目位置设置告知卡。

4. 重大危险源场所应设置哪些安全警示标志?

重大危险源作为企业的一些特殊的单元,除了和企业的其他生产和储存单元一样设置各类安全警示标识外,还应按有关规定设置特有安全警示标志。

(1) 按《危险化学品重大危险源监督管理暂行规定》的要求,在重大危险源场所设置明显的安全警示标志,写明紧急情况下的应急处置办法。企业应结合自身实际情况,在相关管理制度中明确符合要求的安全警示标志的内容,应至少包括:重大危险源名称、种类(生产单元、储存单元);重大危险源涉及的主要危险化学品名称、临界量、实际储存量;重大危险源等级;重大危险源潜在的主要风险及应急处置办法;重大危险源事故应急联络方式等。

(2) 按《安全标志及其使用导则》(GB 2894—2008) 的要求,在重大危险源场所设置禁止、警告、指令、提示等类别的安全标志。

(3) 按《工业管道的基本识别色、识别符号和安全标识》(GB 7231—2003)

的要求，在涉及重大危险源的工业管道设置标识。

（4）按《工作场所职业病危害警示标识》（GBZ 158—2003）的要求，在构成重大危险源的工作场所设置职业病危害警示标识。

（5）按《化学品作业场所安全警示标志规范》（AQ 3047—2013）的要求，在构成重大危险源的场所设置化学品作业场所安全警示标志，表示该重大危险源可能涉及的危险化学品在工作场所具有的危险性和安全注意事项。

5. 重大危险源场所安全警示标志的设置要求有哪些？

（1）根据《化学品作业场所安全警示标志规范》（AQ 3047—2013）要求，构成重大危险源的化学品作业场所安全警示标志以文字和图形符号组合的形式，表示化学品在工作场所具有的危险性和安全注意事项。标志要素包括化学品标识、理化特性、危险象形图、警示词、危险性说明、防范说明、防护用品说明、资料参阅提示语以及报警电话等。化学品作业场所安全警示标志设置要求如下。

1）化学品作业场所安全警示标志应保持与化学品安全技术说明书的信息一致，要不断补充信息资料，若发现新的危险性，及时更新。

2）标志面积。通常情况下，横版标志的面积不宜小于 80 cm × 60 cm，竖版标志的面积不宜小于 60 cm × 90 cm。

3）制作要求。化学品作业场所安全警示标志的制作应清晰、醒目，应在边缘加一个黄黑相间条纹的边框，边框宽度大于等于 3 mm。采用坚固耐用、不锈蚀的不燃材料制作，有触电危险的作业场所使用绝缘材料，有易燃易爆物质的场所使用防静电材料。

4）设置位置。在重大危险源场所的出入口、外墙壁或反应容器、管道旁等的醒目位置设置。

5）设置方式。化学品作业场所安全警示标志设置方式分附着式、悬挂式和柱式 3 种。悬挂式和附着式应稳固不倾斜，柱式应与支架牢固地连接在一起。

6）设置高度。设置的高度应尽量与人眼的视线高度相一致。悬挂式和柱式的下缘距地面的高度不宜小于 1.5 m。

7）注意事项。化学品作业场所安全警示标志应设在与安全有关的醒目处，并使进入作业场所的人员看见后，有足够的时间来注意它所表示的内容。化学品作业场所安全警示标志不应设在门、窗、架等可移动的物体上。标志前不得放置妨碍认读的障碍物。标志的平面与视线夹角应接近 90°，观察者位于最大观察距离时，最小夹角不小于 75°。

（2）根据《安全标志及其使用导则》（GB 2894—2008）的要求，在重大危险源场所正确使用安全标志牌。

1）标志牌应设在与安全有关的醒目地方，并使大家看见后，有足够的时间来注意它所表示的内容。环境信息标志宜设在有关场所的入口处和醒目处；局部信息标志应设在所涉及的相应危险地点或设备（部件）附近的醒目处。

2）标志牌不应设在门、窗、架等可移动的物体上，以免标志牌随母体物体相应移动，影响认读。标志牌前不得放置妨碍认读的障碍物。

3）标志牌的平面与视线夹角应接近 90°，观察者位于最大观察距离时，最小夹角不小于 75°。

4）标志牌应设置在明亮的环境中。

5）多个标志牌在一起设置时，应按警告、禁止、指令、提示类型的顺序，先左后右、先上后下地排列。

6）标志牌的固定方式分附着式、悬挂式和柱式 3 种。悬挂式和附着式的固定应稳固不倾斜，柱式的标志牌和支架应牢固地连接在一起。

7）安全标志牌至少每半年检查一次，如发现有破损、变形、褪色等不符合要求时应及时修整或更换。

二、安全包保公示牌

企业应该如何设置重大危险源安全包保公示牌？

根据《危险化学品企业重大危险源安全包保责任制办法（试行）》，危险化学品企业应当在重大危险源安全警示标志位置设立公示牌，公示牌内容主要包括重大危险源编号，重大危险源级别，构成重大危险源的危险化学品名称及数量，重大危险源的主要负责人、技术负责人、操作负责人姓名，对应的安全包保职责及联系方式，接受员工监督。企业可在重大危险源出入口外侧醒目位置设置符合要求的重大危险源安全包保公示牌。

? 思考题

1. 企业应设置哪些安全警示标志？

2. 重大危险源安全包保公示牌内容有哪些？

第十二节　重大危险源消防安全

一、消防设施配置

1. 对重大危险源场所消防水源配置要求有哪些？

《石油化工企业设计防火标准（2018 年版）》（GB 50160—2008）对重大危险源场所消防水源配置要求包括以下几个方面。

（1）当消防用水由工厂水源直接供给时，工厂给水管网的进水管应不少于 2 条。当其中 1 条发生事故时，另 1 条应能满足 100% 的消防用水和 70% 的生产、生活用水总量的要求。消防用水由消防水池（罐）供给时，工厂给水管网的进水管，应能满足消防水池（罐）的补充水和 100% 的生产、生活用水总量的要求。

（2）当厂区面积超过 2 000 000 m^2 时，消防供水系统的设置应符合下列规定：

1）宜按面积分区设置独立的消防供水系统，每套供水系统保护面积不宜超过 2 000 000 m^2；

2）每套消防供水系统的最大保护半径不宜超过 1 200 m；

3) 每套消防供水系统应根据其保护范围，确定消防用水量；

4) 分区独立设置的相邻消防供水系统管网之间应设不少于 2 根带切断阀的连通管，并应满足当其中一个分区发生故障时，相邻分区能够提供 100% 消防供水量。

（3）工厂水源直接供给不能满足消防用水量、水压和火灾延续时间内消防用水总量要求时，应建消防水池（罐）。

2. 对重大危险源场所消防泵房及消防泵配置要求有哪些？

《石油化工企业设计防火标准（2018 年版）》（GB 50160—2008）对消防泵房及消防泵配置规定如下。

（1）消防水泵房宜与生活或生产水泵房合建，其耐火等级不应低于二级。

（2）消防水泵应采用自灌式引水系统。当消防水池处于低液位不能保证消防水泵再次自灌启动时，应设辅助引水系统。

（3）消防水泵、稳压泵应分别设置备用泵；备用泵的能力不得小于最大一台泵的能力。

（4）消防水泵应在接到报警后 2 min 以内投入运行。稳高压消防给水系统的消防水泵应能依靠管网压降信号自动启动。

（5）消防水泵的主泵应采用电动泵，备用泵应采用柴油泵，且应按 100% 备用能力设置，柴油机的油料储备量应能满足机组连续运转 6 h 的要求。

3. 对重大危险源场所消防水池（罐）的配置要求有哪些？

《石油化工企业设计防火标准（2018 年版）》（GB 50160—2008）对消防水池（罐）配置规定如下。

（1）水池（罐）的容积，应满足火灾延续时间内消防水总量的要求。当发生火灾能保证向水池（罐）连续补水时，其容积可减去火灾延续时间内的补充水量。

（2）水池（罐）的总容积大于 1 000 m^3 时，应分隔成 2 个，并设带切断阀的连通管。

（3）水池（罐）的补水时间，不宜超过 48 h。

（4）当消防水池（罐）与生活或生产水池（罐）合建时，应有消防用水不作他用的措施。

（5）寒冷地区应设防冻措施。

（6）消防水池（罐）应设液位检测、高低液位报警及自动补水设施。

4. 对重大危险源场所灭火器的配置要求有哪些？

《石油化工企业设计防火标准（2018 年版)》（GB 50160—2008）对灭火器配置规定如下。

（1）工艺装置内手提式干粉型灭火器的选型及配置应符合下列规定：

1）扑救可燃气体、可燃液体火灾宜选用钠盐干粉灭火剂，扑救可燃固体表面火灾应采用磷酸铵盐干粉灭火剂，扑救烷基铝类火灾宜采用 D 类干粉灭火剂。

2）甲类装置灭火器的最大保护距离不宜超过 9 m，乙、丙类装置不宜超过 12 m；

3）每一配置点的灭火器数量不应少于 2 个，多层构架应分层配置；

4）危险的重要场所宜增设推车式灭火器。

（2）可燃气体、液化烃和可燃液体的地上罐组宜按防火堤内面积每 400 m^2 配置 1 个手提式灭火器，但每个储罐配置的数量不宜超过 3 个。

（3）灭火器设置点的位置和数量应根据灭火器的最大保护距离确定，并应保证最不利点至少在 1 个灭火器的保护范围内。

（4）灭火器应设置在明显和便于取用的地点，且不得影响安全疏散。

（5）灭火器应设置稳固，其铭牌必须朝外。

（6）手提式灭火器宜设置在挂钩、托架上或灭火器箱内，其顶部离地面高度应小于 1.50 m，底部离地面高度不宜小于 0.15 m 。

（7）灭火器不应设置在潮湿或强腐蚀性的地点，当必须设置时，应有相应的保护措施。设置在室外的灭火器，应有保护措施。

（8）灭火器不得设置在超出其使用温度范围的地点。

《建筑灭火器配置设计规范》（GB 50140—2005）对构成重大危险源的仓库及室内生产装置灭火器的配备要求是：

（1）灭火器配置场所的火灾种类可划分为以下五类。

A 类火灾：固体物质火灾。

B 类火灾：液体火灾或可熔化固体物质火灾。

C 类火灾：气体火灾。

D 类火灾：金属火灾。

E 类火灾（带电火灾）：物体带电燃烧的火灾。

（2）A 类火灾场所应选择水型灭火器、磷酸铵盐干粉灭火器、泡沫灭火器或卤代烷灭火器。B 类火灾场所应选择泡沫灭火器、碳酸氢钠干粉灭火器、磷酸铵盐干粉灭火器、二氧化碳灭火器、灭 B 类火灾的水型灭火器或卤代烷灭火器。极性溶剂的 B 类火灾场所应选择灭 B 类火灾的抗溶性灭火器。C 类火灾场所应选择磷酸铵盐干粉灭火器、碳酸氢钠干粉灭火器、二氧化碳灭火器或卤代烷灭火器。D 类火灾场所应选择扑灭金属火灾的专用灭火器。E 类火灾场所应选择磷酸铵盐干粉灭火器、碳酸氢钠干粉灭火器或二氧化碳灭火器，但不得选用装有金属喇叭喷筒的二氧化碳灭火器。

（3）各类火灾场所灭火器的最低配置基准应符合表 2-14 和表 2-15 的规定。

表 2-14　　　　　　　A 类火灾场所灭火器的最低配置基准

危险等级	严重危险级	中危险级	轻危险级
单具灭火器最小配置灭火级别	3A	2A	1A
单位灭火级别最大保护面积（m^2/A）	50	75	100

表 2-15　　　　　　B、C 类火灾场所灭火器的最低配置基准

危险等级	严重危险级	中危险级	轻危险级
单具灭火器最小配置灭火级别	89B	55B	21B
单位灭火级别最大保护面积（m^2/B）	0.5	1.0	1.5

5. 对重大危险源场所消火栓的配置要求有哪些？

《石油化工企业设计防火标准（2018 年版）》（GB 50160—2008）对消火栓配置规定如下。

（1）消火栓宜沿道路敷设。

（2）消火栓距路面边不宜大于 5 m；距建筑物外墙不宜小于 5 m。

（3）地上式消火栓的大口径出水口应面向道路。当其设置场所有可能受到车辆冲撞时，应在其周围设置防护设施。

（4）地下式消火栓应有明显标志。

（5）消火栓的保护半径不应超过 120 m。

（6）大型石化企业的主要装置区、罐区，宜增设大流量消火栓。

（7）罐区及工艺装置区的消火栓应在其四周道路边设置，消火栓的间距不宜超过 60 m。当装置内设有消防道路时，应在道路边设置消火栓。距被保护对象 15 m 以内的消火栓不应计算在该保护对象可使用的数量之内。

（8）与生产或生活合用的消防给水管道上的消火栓应设切断阀。

6. 对重大危险源场所消防水炮的配置要求有哪些?

根据《固定消防炮灭火系统设计规范》（GB 50338—2003）等相关规定要求，消防水炮的配置要求如下。

（1）系统选用的灭火剂应与保护对象相适应，并应符合下列规定:

1）泡沫炮系统适用于甲、乙、丙类液体、固体可燃物火灾场所;

2）干粉炮系统适用于液化石油气、天然气等可燃气体火灾场所;

3）水炮系统适用于一般固体可燃物火灾场所;

4）水炮系统和泡沫炮系统不得用于扑救遇水发生化学反应而引起燃烧、爆炸等物质的火灾。

（2）设置在下列场所的固定消防炮灭火系统宜选用远控炮系统:

1）有爆炸危险性的场所;

2）有大量有毒气体产生的场所;

3）燃烧猛烈，产生强烈辐射热的场所;

4）火灾蔓延面积较大，且损失严重的场所;

5）高度超过 8 m 且火灾危险性较大的室内场所;

6）发生火灾时灭火人员难以及时接近或撤离固定消防炮位的场所。

（3）消防炮塔的布置应符合下列规定:

1）甲、乙、丙类液体储罐区、液化烃储罐区和石化生产装置的消防炮塔高度的确定应使消防炮对被保护对象实施有效保护；

2）消防炮塔的周围应留有供设备维修用的通道。

7. 哪些重大危险源场所需配备泡沫灭火系统？

《石油化工企业设计防火标准（2018 年版)》（GB 50160—2008）规定以下场所应采用固定式泡沫灭火系统。

（1）甲、乙类和闪点等于或小于 90 ℃的丙类可燃液体的固定顶罐及浮盘为易熔材料的内浮顶罐；单罐容积等于或大于 10 000 m^3 的非水溶性可燃液体储罐；单罐容积等于或大于 500 m^3 的水溶性可燃液体储罐。

（2）甲、乙类和闪点等于或小于 90 ℃的丙类可燃液体的浮顶罐及浮盘为非易熔材料的内浮顶罐；单罐容积等于或大于 50 000 m^3 的非水溶性可燃液体储罐；单罐容积等于或大于 1 000 m^3 的水溶性可燃液体储罐。

（3）移动消防设施不能进行有效保护的可燃液体储罐。

下列场所可采用移动式泡沫灭火系统：罐壁高度小于 7 m 或容积等于或小于 200 m^3 的非水溶性可燃液体储罐；润滑油储罐；可燃液体地面流淌火灾、油池火灾。

8. 重大危险源场所火灾报警系统配置要求是如何规定的？

《石油化工企业设计防火标准（2018 年版)》（GB 50160—2008）对火灾报警系统配置规定如下。

（1）生产区、公用工程及辅助生产设施、全厂性重要设施和区域性重要设施等火灾危险性场所应设置区域性火灾自动报警系统。

（2）2 套及 2 套以上的区域性火灾自动报警系统宜通过网络集成为全厂性火灾自动报警系统。

（3）火灾自动报警系统应设置警报装置。当生产区有扩音对讲系统时，可兼作为警报装置；当生产区无扩音对讲系统时，应设置声光警报器。

（4）区域性火灾报警控制器应设置在该区域的控制室内；当该区域无控制室时，应设置在 24 h 有人值班的场所，其全部信息应通过网络传输到中央控制室。

（5）甲、乙类装置区周围和罐组四周道路边应设置手动火灾报警按钮，其间距不宜大于 100 m。

（6）单罐容积大于或等于 30 000 m³ 的浮顶罐的密封圈处应设置火灾自动报警系统；单罐容积大于或等于 10 000 m³ 并小于 30 000 m³ 的浮顶罐的密封圈处宜设置火灾自动报警系统。

（7）火灾自动报警系统的 220 V AC（交流电）主电源应优先选择不间断电源（UPS）供电。直流备用电源应采用火灾报警控制器的专用蓄电池，应保证在主电源事故时持续供电时间不少于 8 h。

（8）火灾自动报警系统可接收电视监视系统（CCTV）的报警信息，重要的火灾报警点应同时设置电视监视系统。

（9）重要的火灾危险场所应设置消防应急广播。当使用扩音对讲系统作为消防应急广播时，应能切换至消防应急广播状态。

（10）全厂性消防控制中心宜设置在中央控制室或生产调度中心，宜配置可显示全厂消防报警平面图的终端。

9. 液化烃、液氨罐区消防设施配置要求有哪些？

《石油化工企业设计防火标准（2018 年版）》（GB 50160—2008）对液化烃、液氨罐区消防设施的配置要求如下。

（1）液化烃罐区应设置消防冷却水系统，并应配置移动式干粉等灭火设施。

（2）全压力式及半冷冻式液氨储罐宜采用固定式水喷雾系统和移动式消防冷却水系统。

10. 蒸汽灭火系统配置要求有哪些？

根据《石油化工企业设计防火标准（2018 年版）》（GB 50160—2008）规定，工艺装置有蒸汽供给系统时，宜设固定式或半固定式蒸汽灭火系统，但在使用蒸汽可能造成事故的部位不得采用蒸汽灭火。蒸汽灭火系统配置要求如下。

（1）灭火蒸汽管应从主管上方引出，蒸汽压力不宜高于 1 MPa。

（2）半固定式灭火蒸汽快速接头（简称半固定式接头）的公称直径应为 20 mm；与其连接的耐热胶管长度宜为 15～20 m。

11. 泡沫灭火系统工作原理是什么？

泡沫灭火系统由泡沫产生装置、泡沫比例混合器、泡沫混合液管道、泡沫液储罐、消防泵、消防水源、控制阀门等组成。其工作原理是：保护场所起火后，自动或手动启动消防泵，打开出水阀门，水流经过泡沫比例混合器后，将泡沫液与水按规定比例混合形成混合液，然后经混合液管道输送至泡沫产生装置，将产生的泡沫施放到燃烧物的表面上，将燃烧物表面覆盖，从而实施灭火。

二、消防设施的使用

1. 如何使用手提式干粉灭火器？

（1）当发生火灾时边跑边将筒身上下摇动数次。

（2）拔出安全销，筒体与地面垂直，手握胶管喷嘴。

（3）选择上风位置接近火点，将胶管喷嘴对准火焰根部。

（4）用力压下握把，摇摆喷射，将干粉射入火焰根部。

（5）火焰熄灭后用水冷却除烟。

注意，灭火时要注意人站上风向灭火，人离火的距离为2~5 m。

2. 如何使用推车式干粉灭火器？

（1）当发生火灾时将灭火器推至现场。

（2）拔出安全销，筒体与地面垂直，手握胶管喷嘴。

（3）选择上风位置接近火点，将胶管喷嘴对准火焰根部。

（4）用力压下握把，摇摆喷射，将干粉射入火焰根部。

（5）火焰熄灭后用水冷却除烟。

注意，灭火时人站上风向灭火，两人配合。

3. 如何使用消防水带？

（1）在使用时应按消防水带上注明的设计工作压力使用，防止过高的压力造成水带破损，损失或缩短水带的使用寿命，并导致人身伤亡事故。

（2）水带敷设时应避免骤然曲折，以防止降低耐水压的能力；应避免扭转，以防止充水后水带转动而使内扣式水带接口脱开。

（3）当水带垂直敷设时，宜在相隔10 m左右予以固定，以防止水带断裂贻误灭火时机和砸伤人员。

（4）水带充水后应避免在地面上强行拖拉，特别注意水带不要与钉、玻璃片等锐器接触。需要改变位置时应抬起移动，以减小水带与地面的磨损。

（5）水带应避免与油类、酸、碱等有腐蚀性的化学物品接触。确有需要时，宜采用外覆层水带。

（6）应避免硬的重物压在水带上，车辆需通过敷设的水带时，应事先在通过部位安置水带护桥。

（7）敷设时如通过铁路，水带应从铁轨下面通过。

（8）在寒冷地区建筑物外使用消防水带，应防止水带冻结。

（9）水带用完后应洗净晾干，盘卷保存于阴凉干燥处。

4. 如何使用消防水炮？

（1）启动供水设备，开启相应的管路阀门。

（2）调整消防水炮射流的水平角度、俯仰角度及直流/喷雾状态，进行灭火作业。

（3）灭火作业结束后，应冲洗消防水炮炮内流道，冲洗后应将系统阀门恢复至使用前的启闭状态。

（4）移动式消防水炮供水前检查各支脚应可靠着地，供水时应缓慢升压，条件允许时应用安全带将炮座与构筑物拴紧，以防炮体在喷射时倾翻或后移。

（5）若使用电控、电-液控、电-气控消防水炮，应通过操作面板控制消防水炮回转角度。

（6）使用电控、电-液控、电-气控消防水炮时，若电气设备失灵，可以通过手动装置对消防水炮进行操作。

三、消防设施的检查与维护

1. 灭火器的检查与维护要求有哪些？

（1）灭火器铅封应完整，压力表指针应在绿区。

（2）灭火器应放置在通风、干燥、阴凉并方便取用的地方，环境温度−5~45 ℃为宜，避免放在高温、潮湿和有严重腐蚀的场合，防止干粉灭火剂结块、分解。

（3）灭火器可见部位防腐层应完好、无锈蚀。

（4）灭火器可见零部件应完整，无松动、变形、锈蚀和损坏。

（5）喷嘴及喷射软管应完整、无堵塞。

（6）灭火器及灭火器箱体卫生合格。

（7）巡检标签按要求填写并使铭牌朝外以便于检查。

根据《建筑灭火器配置验收及检查规范》（GB 50444—2008）要求，堆场、罐区、石油化工装置区、加油站、锅炉房、地下室等场所配置的灭火器，应每半月进行一次检查。灭火器的检查记录应予以保留。

2. 消防给水系统的检查与维护要求有哪些？

（1）消防给水及消火栓系统应有管理、检查检测、维护保养的操作规程，并应保证系统处于准工作状态。

（2）维护管理人员应熟悉和掌握消防给水系统的原理、性能和操作规程。

（3）减压阀的维护管理，每月应对减压阀组进行一次放水试验，并应检测和记录减压阀前后的压力，当不符合设计值时应采取满足系统要求的调试和维修等措施；每年应对减压阀的流量和压力进行一次试验。

（4）阀门的维护管理应符合下列规定：

1）雨淋阀的附属电磁阀应每月检查并应进行启动试验，动作失常时应及时更换；

2）每月应对电动阀和电磁阀的供电和启闭性能进行检测；

3）系统上所有的控制阀门均应采用铅封或锁链固定在开启或规定的状态，每月应对铅封、锁链进行一次检查，当有破坏或损坏时应及时修理更换；

4）每季度应对室外阀门井中进水管上的控制阀门进行一次检查，并应核实其处于全开启状态；

5）每天应对水源控制阀、报警阀组进行外观检查，并应保证系统处于无故障状态；

6）每季度应对系统所有的末端试水阀和报警阀的放水试验阀进行一次放水

试验，并应检查系统启动、报警功能以及出水情况是否正常。

（5）每季度应对消火栓进行一次外观和漏水检查，发现有不正常的消火栓应及时更换。

（6）每年应对系统过滤器至少进行一次排渣，并应检查过滤器是否处于完好状态，当堵塞或损坏时应及时检修。

3. 消火栓的检查与维护要求有哪些？

（1）检查消火栓箱体有无变形，玻璃有无破损，箱门能否正常打开，卫生是否合格。

（2）消防水带连接之前，应认真检查滑槽和密封部位，若有污泥和沙子等杂物须及时清除，以防装拆困难，密封不良。

（3）使用后的消防水带要控干水分，然后按正确方法盘好。

（4）检查水枪、水带有无丢失，水带是否干裂、老化和有无破损，其接扣是否牢固（卡簧是否存在），能否正常投入使用。

（5）每月初开关一次阀门检查是否有水，日常检查阀门有无漏水。

（6）做好检查记录。

4. 消防水带检查与维护要求有哪些？

（1）所有水带应按质分类，编号造册，存放在专门的储存室。储存室应保持良好通风，避免日光直接射在水带上。

（2）水带应以卷状竖放在水带架上，每年至少翻动 2 次并交换折边 1 次。

（3）水带应有专人负责管理，并经常检查接头是否变形及有无损坏，一旦发现损坏，应及时修补。

（4）水带每次使用时应记录使用场所、水压等，作为分析事故、更新废弃的重要依据。

5. 消防水炮检查与维护要求有哪些？

（1）保持炮体清洁，防止生锈与意外损坏。

（2）对炮座回转节定期检查和更换润滑油脂，保持炮体转动灵活。

（3）定期检查喷嘴，防止杂物堵塞。

（4）对于配有电池的电控式消防水炮，应定期检查蓄电池，电量不足时应及时充电。

（5）对于电控式、电-液控式、电气控式消防水炮，应定期检查电气线路、电-液系统和电-气系统，保持控制系统的正常状态。

（6）定期检查移动式消防水炮支脚着地端，使其保持尖锐状态，若磨平应及时更换。

6. 灭火器的维修、报废是如何规定的？

（1）灭火器的维修要求

1）存在机械损伤、明显锈蚀、灭火剂泄漏、被开启使用过或符合其他维修条件的灭火器应及时进行维修。

2）需维修的灭火器应由灭火器生产企业或专业维修单位进行。

3）每次送修的灭火器数量不得超过计算单元配置灭火器总数量的1/4。超出时，应选择相同类型和操作方法的灭火器替代，替代灭火器的灭火级别不应低于原配置灭火器的灭火级别。

4）灭火器的维修期限应符合表2-16的规定。

表2-16　　　　　　　　灭火器维修期限表

灭火器类型		维修期限
水基型灭火器	手提式水基型灭火器	出厂期满3年 首次维修以后每满1年
	推车式水基型灭火器	
干粉灭火器	手提式（储压式）干粉灭火器	出厂期满5年 首次维修以后每满2年
	手提式（储气瓶式）干粉灭火器	
	推车式（储压式）干粉灭火器	
	推车式（储气瓶式）干粉灭火器	
洁净气体灭火器	手提式洁净气体灭火器	
	推车式洁净气体灭火器	
二氧化碳灭火器	手提式二氧化碳灭火器	
	推车式二氧化碳灭火器	

5）经维修的灭火器应在瓶体加贴维修合格证，合格证应包括维修编号，维修企业的负责人和维检人员盖章，灭火器总质量，维修日期，维修机构名称、地

址和联系电话等。不应随意添加灭火器维修有效期。

（2）灭火器的报废要求

1）灭火器自出厂日期算起，达到以下年限的，应报废：

①水基型灭火器——6 年；

②干粉灭火器——10 年；

③洁净气体灭火器——10 年；

④二氧化碳灭火器和储气瓶——12 年。

2）灭火器有下列情况之一者，应报废：

①永久性标志模糊，无法识别；

②气瓶（筒体）被火烧过；

③气瓶（筒体）有严重变形；

④气瓶（筒体）外部涂层脱落面积大于气瓶（筒体）总面积的三分之一；

⑤气瓶（筒体）外表面、连接部位、底座有腐蚀的凹坑；

⑥气瓶（筒体）有锡焊、铜焊或补缀等修补痕迹；

⑦气瓶（筒体）内部有锈屑或内表面有腐蚀的凹坑；

⑧水基型灭火器筒体内部的防腐层失效；

⑨气瓶（筒体）的连接螺纹有损伤；

⑩气瓶（筒体）水压试验不符合国家标准的要求；

⑪不符合消防产品市场准入制度的；

⑫由不合法的维修机构维修过的；

⑬法律或法规明令禁止使用的。

7. 泡沫灭火系统的检查与维护要求有哪些？

（1）泡沫灭火系统月检要求

1）对低、中、高倍数泡沫发生器，泡沫喷头，固定式泡沫炮，泡沫比例混合器进行外观检查，各部件应完好无损。

2）对固定式泡沫炮的回转机构、仰俯机构或电动操作机构进行检查，性能应达到标准的要求。

3）消火栓和阀门的开启与关闭应自如，不能有锈蚀。

4）压力表、管道过滤器、金属软管、管道及附件不应有损伤。

5）电源及电气设备工作状态应良好。

6）供水水源及水位指示装置应正常。

（2）泡沫灭火系统每2年检查要求

1）对于低倍数泡沫灭火系统中的液上、液下及半液下喷射、泡沫喷淋、固定式泡沫炮和中倍数泡沫灭火系统进行喷泡沫试验，并对系统所有的设备、设施、管道及附件进行全面检查。

2）对于高倍数泡沫灭火系统，可在防护区内进行喷泡沫试验，并对系统所有设备、设施、管道及附件进行全面检查。

3）系统检查和试验完毕，应对消防泵、泡沫液管道、泡沫混合液管道、泡沫管道、泡沫比例混合器、管道过滤器等用清水进行彻底冲洗，清除锈渣，并立即放空，然后涂漆。

？ 思考题

1. 对于不同的危险化学品重大危险源，应配备哪些消防设施？

2. 如何做好消防设施的维护保养工作？

3. 如何正确使用消防设施？

第三章
重大危险源事故应急管理

第一节　重大危险源应急预案管理

一、应急预案管理

1. 什么是生产经营单位生产安全事故应急预案？包括哪些内容？

生产经营单位生产安全事故应急预案是指生产经营单位针对可能发生的事故，为最大限度减少事故损害而预先制定的应急准备工作方案。

生产经营单位生产安全事故应急预案分为综合应急预案、专项应急预案和现场处置方案。

综合应急预案是指生产经营单位为应对各种生产安全事故而制定的综合性工作方案，是本单位应对生产安全事故的总体工作程序、措施和应急预案体系的总纲。

专项应急预案是指生产经营单位为应对某一种或者多种类型生产安全事故，或者针对重要生产设施、重大危险源、重大活动防止生产安全事故而制定的专项性工作方案。

现场处置方案是指生产经营单位根据不同生产安全事故类型，针对具体场所、装置或者设施所制定的应急处置措施。

2. 生产安全事故应急预案的作用是什么？

（1）应急预案确定了应急救援的范围和体系，使应急管理不再无据可依、无章可循。尤其是通过培训和演习，可以使应急人员熟悉自己的任务，具备完成指定任务所需的相应能力，并检验预案和行动程序，评估应急人员的整体协调性。

（2）应急预案有利于做出及时的应急响应，降低事故危害。应急预案预先明确了应急各方的职责和响应程序，在应急资源等方面进行了先期准备，可以指导应急救援迅速、高效、有序地开展，将事故的人员伤亡、财产损失和环境破坏降到最低限度。

（3）应急预案是各类突发重大事故的应急基础。通过编制应急预案，可以对那些事先无法预料到的突发事故起到基本的应急指导作用。在此基础上，可以针对特定事故类别编制专项应急预案，并有针对性地开展专项应急准备活动。

（4）应急预案建立了与上级单位和部门应急救援体系的衔接。通过编制应急预案，可以确保当发生超过本级应急能力的重大事故时与有关应急机构的联系和协调。

（5）应急预案有利于提高风险防范意识。应急预案的编制、评审、发布、宣传、教育和培训，有利于各方了解可能面临的重大事故及其相应的应急措施，有利于促进各方提高风险防范意识和能力。

3. 生产安全事故应急预案的编制原则和要求是什么？

根据《生产经营单位生产安全事故应急预案编制导则》（GB/T 29639—2020）要求，应急预案的编制应当遵循以人为本、依法依规、符合实际、注重实效的原则，以应急处置为核心，体现自救互救和先期处置的特点，做到职责明确、程序规范、措施科学，尽可能简明化、图表化、流程化。

应急预案的编制应明确应急职责、规范应急程序、细化保障措施，应当符合下列基本要求：

（1）符合有关法律、法规、规章和标准的规定；

（2）结合本地区、本部门、本单位的安全生产实际情况；

（3）充分考虑了本地区、本部门、本单位的危险性分析情况；

（4）充分考虑了历次应急演练的结果；

（5）充分考虑了以往事件与事故的原因分析；

（6）借鉴了行业内的良好作业实践，考虑了其他地区、其他单位出现过的事故；

（7）应急组织和人员的职责分工明确，并有具体的落实措施；

（8）有明确、具体的应急程序和处置措施，并与其应急能力相适应；

（9）有明确的应急保障措施，满足本地区、本部门、本单位的应急工作需要；

（10）应急预案基本要素齐全、完整，应急预案附件提供的信息准确；

（11）应急预案内容与相关应急预案相互衔接；

（12）预案中应包含应急准备、应急响应、应急恢复与事故调查各个阶段的信息沟通与公众信息通报内容。

4. 生产安全事故应急预案的编制步骤是什么？

（1）调查研究。在制定应急预案之前，需对应急预案所涉及的区域进行全面调查。调查内容主要包括危险源的种类、数量、分布状况，当地的气象、地理、环境和人口分布特点，社会公用设施及救援能力与资源现状等。

（2）危险源评估。在制定应急预案之前，应组织有关领导和专业人员对危险源进行科学评估，以确定危险源目标，探讨救援对策，为制定应急预案提供科学依据。

（3）分析总结。对调查得来的各种资料，组织专人进行分类汇总，做好调查分析和总结，为制定应急预案做好准备。

（4）编制预案。视救援目标的种类和危险度，结合本单位的救援能力，编制相应的应急救援预案。

（5）科学评估。编制的应急预案需组织专家评审，并经修改完善后，报单位领导审定。

（6）审核实施。应急预案经单位领导审校批准后，正式颁布实施。

5. 生产安全事故应急预案编制工作包括哪些内容？

（1）依据事故风险评估及应急资源调查结果，结合本单位组织管理体系、生产规模及处置特点，合理确立本单位应急预案体系。

（2）结合组织管理体系及部门业务职能划分，科学设定本单位应急组织机构及职责分工。

（3）依据事故可能的危害程度和区域范围，结合应急处置权限及能力，清晰界定本单位的响应分级标准，制定相应层级的应急处置措施。

（4）按照有关规定和要求，确定事故信息报告、响应分级与启动、指挥权移交、警戒疏散方面的内容，落实与相关部门和单位应急预案的衔接。

6. 企业如何开展生产安全事故应急预案的评审、公布和备案工作？

应急预案编制完成后，应进行评审。评审由本单位主要负责人组织有关部门和人员进行。外部评审由上级主管部门或地方政府负责安全管理的部门组织审查。评审后，按规定报有关部门备案，并经生产经营单位主要负责人签署发布。

7. 生产安全事故应急预案在什么情况下应当及时修订？

根据《生产安全事故应急预案管理办法》第三十六条要求，有下列情形之一的，应急预案应当及时修订并归档：

（1）依据的法律、法规、规章、标准及上位预案中的有关规定发生重大变化的；

（2）应急指挥机构及其职责发生调整的；

（3）安全生产面临的风险发生重大变化的；

（4）重要应急资源发生重大变化的；

（5）在应急演练和事故应急救援中发现需要修订预案的重大问题的；

（6）编制单位认为应当修订的其他情况。

二、应急授权

危险化学品企业异常工况处理授权决策机制建立的目的是什么？

当化工生产过程中出现可能危及人身安全的异常工况时，第一时间发现问题的往往是现场作业人员。有的异常工况处理非常紧急，容不得现场作业人员请示上级领导，逐级许可，时间的拖延可能会导致情况变得更加复杂严峻。为避免这一情况出现，《危险化学品企业安全风险隐患排查治理导则》要求企业主要负责人应组织建立一套应急处理机制，并授权相关人员在出现某些异常工况时，可以立即采取决断措施实施停车并紧急撤离。

《中华人民共和国安全生产法》第五十五条明确规定，从业人员发现直接危及人身安全的紧急情况时，有权停止作业或者在采取可能的应急措施后撤离作业场所。生产经营单位不得因从业人员在紧急情况下停止作业或者采取紧急撤离措施而降低其工资、福利等待遇或者解除与其订立的劳动合同。应急授权机制的建立一方面是对既有法律条文的细化落实，另一方面也是对过往事故教训的吸取。河南三门峡义马气化厂"7·19"爆燃事故暴露出企业异常工况下的处置决策机制存在偏差，最终酿成重大事故。

危险化学品企业应对此给予足够重视，尤其是机构设置相对复杂的中央企业或大集团、大公司，此种现象存在概率较大。应避免在紧急状态下层层汇报、层层审批，错过最佳处理时机。需要注意的是，异常工况处置授权机制的建立，应在充分分析论证企业各装置、各部位可能发生的风险及后果评估、紧急处置后造成的影响范围的基础上实施，明确风险等级和授权范围。机制内容可以体现在企业的应急预案中，也可以单独制定管理规定。

重大危险源一旦发生事故，容易导致重大事故发生。因此重大危险源操作负责人更应该认真领会建立应急授权机制的重要性，并结合所包保的重大危险源范围内可能出现的险情类型和后果严重性，为技术负责人提供准确、真实的险情信息，便于在应急授权机制中制定翔实的情景假定。

三、应急演练

1. 生产安全事故应急演练的目的是什么？

根据《生产安全事故应急演练基本规范》（AQ/T 9007—2019）规定，应急演练的目的在于验证预案的可行性，符合实际情况程度，具体如下。

（1）检验预案。发现应急预案中存在的问题，提高应急预案的针对性、实用性和可操作性。

（2）完善准备。完善应急管理标准制度，改进应急处置技术，补充应急装备和物资，提高应急能力。

（3）磨合机制。完善应急管理部门、相关单位和人员的工作职责，提高协调配合能力。

（4）宣传教育。普及应急管理知识，提高参演和观摩人员风险防范意识和自救互救能力。

（5）锻炼队伍。熟悉应急预案，提高应急人员在紧急情况下妥善处置事故的能力。

通过演练可以发现预案中存在的问题，为修正预案提供实际资料。尤其是通过演习后的讲评、总结，可以暴露预案中未曾考虑到的问题和找出改进的措施，这是提高预案质量重要的步骤。

2. 生产安全事故应急演练的类型有哪些？

生产安全事故应急演练按演练的形式分为桌面演练和实战演练。

（1）桌面演练。桌面演练是由应急组织的代表或关键岗位人员参加，按照应急预案及其标准工作程序讨论紧急情况时应采取行动的演练活动。桌面演练的特点是对演练情景进行口头演练，一般是在会议室内举行。其主要目的是锻炼参演人员解决问题的能力，以及解决应急组织相互协作和职责划分的问题。

桌面演练一般仅限于有限的应急响应和内部协调活动，应急人员主要来自本地应急组织，事后一般采取口头评论形式收集参演人员的建议，并提交一份简短的书面报告，总结演练活动和提出有关改进应急响应工作的建议。桌面演练方法成本较低，主要为实战演练做准备。

（2）实战演练。实战演练是指针对某项应急响应功能或其中某些应急响应行动举行的演练活动，主要目的是针对应急响应功能，检验应急人员以及应急体系的策划和响应能力。例如，指挥和控制功能的演练，其目的是检测、评价多个政府部门在紧急状态下实现集权式的运行和响应力，演练地点主要集中在若干个应急指挥中心或现场指挥部，并开展有限的现场活动，调用有限的外部资源。

实战演练比桌面演练规模要大，需动员更多的应急人员和机构，因而协调工作的难度也随着更多组织的参与而加大。

重大危险源操作负责人重在抓好专项预案和现场处置方案的演练工作，要通过不断的实战方式来演练，以不断提高岗位员工应急处置能力。

3. 生产安全事故应急演练的工作原则是什么？

（1）符合相关规定。按照国家相关法律法规、标准及有关规定组织开展演练。

（2）依据预案演练。结合生产面临的风险及事故特点，依据应急预案组织开展演练。

（3）注重能力提高。突出以提高指挥协调能力、应急处置能力和应急准备能力为目的组织开展演练。

（4）确保安全有序。在保证参演人员、设备设施及演练场所安全的条件下组织开展演练。

4. 生产安全事故应急演练的工作程序有哪些？

（1）全体演练单位及观摩人员集中到指定区域待命。

（2）发生化学品应急事故，向应急指挥部报告。

（3）应急指挥部下达启动相应的应急预案指令。

（4）交通治安管理组进行交通管制，设置警戒区域，除应急抢险人员和车辆外，其他人员和车辆不得进入该危险区域，对灾区实施治安巡逻，保障灾区安全。

（5）应急抢险组发出警报信息，紧急通知危险区域的员工按原定的路线有序安全转移，组织应急小分队火速赶往灾区，按照原定的编制序列目标任务快速赶到事故区域实施抢救，迅速组织事故区域人员和物资快速有序安全撤离到各安置点。

（6）事故调查监测组继续跟踪监测事故情况，有情况及时报告。

（7）医疗卫生组组织医疗卫生紧急抢救队伍进入事故区域，进行伤病员的抢救及转移工作。

（8）后勤物资保障组负责转移到各临时安置点的灾民安置工作，确保救灾抢险指挥的通信与网络的畅通。

（9）做好撤离、应急抢救、交通治安、后勤保障、医疗卫生和事故调查监测等应急演练的各项记录。

（10）由应急总指挥宣布演练结束。

5. 如何开展重大危险源应急演练工作?

根据《危险化学品重大危险源监督管理暂行规定》第二十一条规定，危险化学品单位应当制订重大危险源事故应急预案演练计划，并按照下列要求进行事故应急预案演练：

（1）对重大危险源专项应急预案，每年至少进行一次；

（2）对重大危险源现场处置方案，每半年至少进行一次。

应急预案演练结束后，危险化学品单位应当对应急预案演练效果进行评估，撰写应急预案演练评估报告，分析存在的问题，对应急预案提出修订意见，并及时修订完善。

6. 重大危险源事故应急演练计划应如何制订?

重大危险源操作负责人要结合重大危险源特点和规定的最低演练频次，拟订应急演练计划并实施。

（1）需求分析。全面分析和评估应急预案、应急职责、应急处置工作流程和指挥调度程序、应急技能和应急装备、物资的实际情况，提出需通过应急演练解决的内容，有针对性地确定应急演练目标，提出应急演练的初步内容和主要科目。

（2）明确任务。确定应急演练的事故情景类型、等级、演练方式，应急演练各阶段主要任务，应急演练实施的拟定日期。

（3）制订计划。根据需求分析及任务安排组织人员编制演练计划。

7. 生产安全事故应急演练准备内容有哪些?

根据《生产安全事故应急演练基本规范》（AQ/T 9007—2019）的要求，应急演练准备内容有以下几个方面。

（1）成立演练组织机构。综合演练通常应成立演练领导小组，负责演练活动筹备和实施过程中的组织领导工作，审定演练工作方案、演练工作经费、演练评估总结以及其他需要决定的重要事项。演练领导小组下设策划与导调组、宣传组、保障组、评估组。根据演练规模大小，其组织机构可进行调整。

（2）编制文件。主要编写工作方案、演练脚本、评估方案、观摩方案、观摩手册、宣传方案等。

（3）做好演练工作保障，包括人员、经费、物资、安全、通信保障等相关事项。

8. 生产安全事故应急演练方案要体现哪"四性"？

应急演练方案的编制要体现合规性、实用性、有效性和安全性。合规性是指演练方案要符合企业应急预案的规定要求；实用性是指方案中设定的场景（如险情类型、险情部位、险情时机）在企业有一定的代表性；有效性是指通过演练确实能提高参演人员的险情判断技能和实际处置技能；安全性是指要考虑到演练过程中各个环节的安全性，防止演练变成"事故"。

重大危险源操作负责人应认真分析重大危险源可能发生的各种险情场景，科学、合理地编制应急演练方案，报技术负责人审查。

9. 生产安全事故应急演练评估方案的内容有哪些？

（1）演练信息。目的和目标情景描述，应急行动与应对措施简介。

（2）评估内容。各种准备、组织与实施、效果。

（3）评估标准。各环节应达到的目标评判标准。

（4）评估程序。主要步骤及任务分工。

（5）附件。需要用到的相关表格。

10. 生产安全事故应急演练工作总结报告内容有哪些？

应急演练结束后，演练组织单位应根据演练记录、演练评估报告、应急预案现场总结材料，对演练进行全面总结并形成演练书面总结报告。报告可对应急演练准备、策划工作进行简要总结分析。单位主要负责人对演练总结报告进行审批，监督演练存在问题整改措施的落实。应急演练总结报告的主要内容如下。

（1）演练基本概要。演练的组织及承办单位、演练形式、演练模拟的事故名称、发生的时间和地点、事故过程的情景描述、主要应急行动等。

（2）演练评估过程。演练评估工作的组织实施过程和主要工作安排。

（3）演练情况分析。依据演练评估表格的评估结果，从演练的准备及组织实施情况、参演人员表现等方面具体分析好的做法和存在的问题以及演练目标的实现、演练成本效益分析等。

（4）改进的意见和建议。对演练评估中发现的问题提出整改的意见和建议。

（5）评估结论。对演练组织实施情况进行综合评价，并给出"优"（无差错地完成了所有应急演练内容）、"良"（达到了预期的演练目标，差错较少）、"中"（存在明显缺陷，但没有影响实现预期的演练目标）、"差"（出现了重大错误，演练预期目标受到严重影响，演练被迫中止，造成应急行动延误或资源浪费）等评估结论。

重大危险源事故应急演练活动结束后，重大危险源操作负责人应编写演练总结报告，报技术负责人审核，并将应急演练工作方案、应急演练书面评估报告、应急演练总结报告等文字资料以及记录演练实施过程的相关图片、视频、音频资料归档保存。

❓ 思考题

1. 企业如何组织编制生产安全事故应急救援预案？

2. 企业在生产安全事故应急演练结束后，如何通过应急演练工作总结查找不足？

第二节　重大危险源事故应急响应与应急处置

一、应急响应

1. 事故应急救援的原则和任务是什么？

（1）事故应急救援的原则

事故应急救援应贯彻的基本原则是预防为主、统一协调、迅速有效，即在预防为主的前提下，实行统一指挥、分级负责、区域为主、单位自救和社会救援相结合。由于重大危险源事故发生的突然性，发生后的迅速扩散性以及波及范围广、危害性大的特点，决定了应急救援行动必须迅速、准确、有序和有效。重大危险源的事故救援工作实行企业主要负责人统一指挥制度，按照综合预案明确的职责，实行分级负责。

（2）事故应急救援的任务

1）抢救受害人员。抢救受害人员是事故应急救援的重要任务。在救援行动中，及时、有序、科学地实施现场抢救和安全转送伤员对挽救受害人的生命、稳定病情、减少伤残率以及减轻受害人的痛苦等具有重要的意义。

2）控制危险源。及时有效地控制造成事故的危险源是事故应急救援的重要任务，只有控制了危险源，防止事故的进一步扩大和发展，才能及时有效地实施救援行动。特别是在发生重大危险源区域化学品泄漏事故时，应尽快组织工程抢险队与事故单位技术人员一起及时控制事故的继续扩展。

3）指导群众防护，组织群众撤离。应及时指导和组织群众采取各种措施进行自身防护，并迅速撤离危险区域或可能发生危险的区域。在撤离过程中积极组织开展群众自救与互救工作。

4）消除事故危害后果。对事故造成的对人体、土壤、水源、空气等的现实的危害和可能的危害，迅速采取封闭、隔离、洗消等措施；对事故外溢的有毒有害物质和可能对人及环境继续造成危害的物质，应及时组织力量进行清除；对危险化学品造成的危害进行监测与监控，并采取适当的措施直至符合国家环境保护标准。

5）查清事故原因，评估危害程度。事故发生后应及时调查事故的发生原因和事故性质，估算出事故的危害波及范围和危险程度，查明人员伤亡情况，做好事故调查。

2. 生产安全事故应急响应程序包括哪些内容？

事故发生后，企业应按照发生事故等级要求进行信息报告、预警、响应启动、应急处置、应急支援、响应终止等相关工作。响应程序包括以下内容。

（1）信息报告

1）信息接报。明确应急值守电话，事故信息接收和内部通报的程序、方式和责任人，向上级主管部门、上级单位报告事故信息的流程、内容、时限和责任人。

2）信息处置与研判。明确响应启动的程序和方式。根据事故性质、严重程度、影响范围和可控性，结合响应分级明确的条件，可由应急领导小组作出响应启动的决策并宣布，或者依据事故信息是否达到响应启动的条件自动启动。若未达到响应启动条件，应急领导小组可作出预警启动的决策，做好响应准备，实时跟踪事态发展。响应启动后，应注意跟踪事态发展，科学分析处置需求，及时调整响应级别，避免响应不足或过度响应。

（2）预警

1）预警启动。明确预警信息发布渠道、方式和内容。

2）响应准备。明确作出预警启动后应开展的响应准备工作，包括队伍、物资、装备、后勤及通信。

3）预警解除。明确预警解除的基本条件、要求及责任人。

（3）响应启动。确定响应级别，明确响应启动后的程序性工作，包括应急会议召开、信息上报、资源协调、信息公开、后勤及财力保障工作。根据预警分析确定响应级别，应急响应过程包括报警、接警、警情判断、应急启动、救援行动、资源调配、事态控制、应急结束、应急恢复等。

（4）应急处置。明确事故现场的警戒疏散、人员搜救、医疗救治、现场监测、技术支持、工程抢险及环境保护方面的应急处置措施，并明确人员防护的要求。应急处置应以"救人第一，救物第二""防止扩散第一，减少损失第二""先控制，后处理"为原则，避免生产装置、储罐、管道破裂，造成事故进一步扩大。

（5）应急支援。由专人对外部救援力量进行路线指引，向外部救援力量汇报事故概况、现场救援等情况，并做好配合工作。

（6）响应终止。明确响应终止的基本条件、要求和责任人。

应急终止条件包括以下内容：事故发生的条件已经消除；损坏设备设施已和系统断开；无次生、衍生灾害发生的可能；确认现场人员全部撤离现场；事故现场清理完毕。

二、应急处置

1. 危险化学品事故应急处置的基本原则是什么？

开展危险化学品事故应急处置工作时，需要充分考量化学品的实际应用情况，基于以下基本处置原则展开工作。

（1）危险化学品本身的事故危险性较高，实际处置工作需要秉持生命第一的原则，避免人员伤亡。具体来讲，当出现危险化学品泄漏情况时，需要考量现场人员，在应急救援的同时避免人员伤害。

（2）危险化学品事故应急处置，应尽可能地降低危险化学品对救援现场环境的影响。化学品本身具有一定的危险性，出现泄漏事故时，会对现场环境造成诸多不良影响。为切实避免危险化学品的危害范围不断扩大，甚至造成次生伤害，应当做好预防处置工作，有效控制危险化学品危害范围。

（3）合理把控事故现场。危险化学品处置危险性高，在实际处置工作中，需要工作人员结合处置现场实际情况，灵活制定处置方案、协调分工，从而高效率地开展危险化学品应急处置工作。

2. 危险化学品事故现场处置包括哪些内容？

在发生泄漏、火灾、爆炸和环境污染等危险化学品事故的现场，正确、及时、有效地实施应急抢险和救援工作，是控制事故、减少损失的关键。现场应急处置工作内容包括以下几个方面。

（1）设立警戒区域。事故发生后，应根据化学品泄漏扩散的情况或火焰热辐射所涉及的范围建立警戒区，并在通往事故现场的主要干道上实行交通管理。建立警戒区域时应注意以下几项。

1）警戒区域的边界应设警示标志，并有专人进行警戒。

2）除消防、应急处置人员以及必须坚守岗位的人员外，其他人员禁止进入警戒区。

3）泄漏溢出的化学品为易燃品时，区域内应严禁火种。

（2）紧急疏散。迅速将警戒区及污染区内与事故应急处置无关的人员撤离，以减少不必要的人员伤亡。紧急疏散时应注意以下几项。

1）如果事故物质有毒，需要佩戴个体防护用品或采用简易有效的防护措施，并有相应的监护措施。

2）应向上风方向或侧上风方向转移，明确专人引导和护送疏散人员到安全区，并在疏散或撤离的路线上设立哨位，指明方向。

3）不要在低洼处滞留。

4）要查清是否有人留在污染区和着火区。

（3）根据事故物质的毒性及划定的危险区域，确定相应的防护等级，并根据防护等级按标准配备相应的防护器具。

（4）询情和侦检处置

1）询问遇险人员情况，容器储量，泄漏量，泄漏时间、部位、形式、扩散范围，周边单位及居民、地形、电源、火源等情况，消防设施、工艺措施、到场人员处置意见。

2）使用检测仪器测定泄漏物质、浓度、扩散范围。

3）确认设施、建（构）筑物险情及可能引发爆炸燃烧的各种危险源，确认消防设施运行情况。

3. 典型危险化学品事故现场处置要点是什么？

（1）火灾爆炸事故处置

1）扑灭现场明火应坚持先控制后扑灭的原则。依据危险化学品性质、火灾大小采用冷却、堵截、突破、夹攻、合击、分割、围歼、破拆、封堵、排烟等方法进行控制与灭火。

2）根据危险化学品特性，选用正确的灭火剂。禁止用水、泡沫等含水灭火剂扑救遇湿易燃物品、自燃物品火灾；禁用直流水冲击扑灭粉末状、易沸溅危险化学品火灾；禁用沙土盖压扑灭爆炸品火灾；宜使用低压水流或雾状水扑灭腐蚀品火灾，避免腐蚀品溅出；禁止对液态轻烃强行灭火。

3）有关生产部门监控装置工艺变化情况，做好应急状态下生产方案的调整和相关装置的生产平衡，优先保证应急救援所需的水、电、气、交通运输车辆和工程机械。

4）根据现场情况和预案要求，及时决定有关设备、装置、单元或系统紧急停车，避免事故扩大。

（2）泄漏事故处置

1）控制泄漏源

①在生产过程中发生泄漏，事故单位应根据生产和事故情况，及时采取控制措施，防止事故扩大。可采取停车、局部打循环、改走副线或降压堵漏等措施。

②在其他储存、使用等过程中发生泄漏，应根据事故情况，采取转料、套装、堵漏等控制措施。

2）控制泄漏物

①泄漏物控制应与泄漏源控制同时进行。

②对气体泄漏物可采取喷雾状水、释放惰性气体、加入中和剂等措施，以降

低泄漏物的浓度或燃爆危害。喷水稀释时，应筑堤收容产生的废水，防止水体污染。

③对液体泄漏物可采取容器盛装、吸附、筑堤、挖坑、泵吸等措施进行收集、阻挡或转移。若液体具有挥发性及可燃性，可用适当的泡沫覆盖泄漏液体。

（3）中毒窒息事故处置

1）立即将染毒者转移至上风向或侧上风向空气无污染区域，并进行紧急救治。

2）经现场紧急救治，伤势严重者立即送医院救治。

（4）其他处置要求

1）现场指挥人员发现危及人身生命安全的紧急情况，应迅速发出紧急撤离信号。

2）若因火灾爆炸引发泄漏中毒事故，或因泄漏引发火灾爆炸事故，应统筹考虑优先采取保障人员生命安全、防止灾害扩大的救援措施。

3）维护现场救援秩序，防止救援过程中发生车辆碰撞、车辆伤害、物体打击、高处坠落等事故。

4. 扑救压缩或液化气体火灾应急处置的措施有哪些？

（1）扑救气体火灾切忌盲目扑灭火势。在没有采取堵漏措施的情况下，必须保持稳定燃烧。否则，大量可燃气体泄漏出来与空气混合，遇到火源就会发生爆炸，后果将不堪设想。

（2）首先应扑灭外围被火源引燃的可燃物火势，切断火势蔓延途径，控制燃烧范围，并积极抢救受伤和被困人员。

（3）如果火势中有受到火焰辐射热威胁的压力容器，能疏散的应尽量在水枪的掩护下疏散到安全地带，不能疏散的应部署足够的水枪进行冷却保护。为防止容器爆裂伤人，进行冷却的人员应尽量采用低姿射水或利用现场坚实的掩蔽体防护。对卧式储罐，冷却人应选择储罐四侧角作为射水阵地。

（4）如果输气管道泄漏着火，应设法找到气源阀门，阀门完好时，只要关闭气体进出阀门，火势就会自动熄灭。

（5）储罐或管道泄漏关阀无效时，应根据火势判定气体压力和泄漏口的大小及其形状，准备好相应的堵漏材料（如软木塞、橡皮塞、气囊塞、黏合剂、弯管工具等）。

（6）堵漏工作准备就绪后即可用水扑救火情，可用干粉、二氧化碳、卤代烷灭火，但仍需用水冷却烧烫的罐或管壁。火扑灭后，应立即用堵漏材料堵漏。同时用雾状水稀释和驱散泄漏出来的气体。如果确认泄漏口非常大，根本无法堵漏，只需冷却着火容器及其周围容器和可燃物品，控制着火范围，直到燃气燃尽，火势自动熄灭。

（7）现场指挥应密切注意各种危险征兆，遇有火势熄灭后较长时间未能恢复稳定燃烧或受热辐射的容器安全阀火焰变亮耀眼、尖叫、晃动等爆裂征兆时，指挥员必须适时作出准确判断，及时下达撤退命令。现场人员看到或听到事先规定的撤退信号后，应迅速撤退至安全地带。

5. 扑救易燃液体火灾应急处置的措施有哪些？

易燃液体通常也是储存在容器内或管道内输送的。与气体不同的是，液体容器有的密闭，有的敞开，一般都是常压，只有反应锅（炉、釜）及输送管道内的液体压力较高。流体不管是否着火，如果发生泄漏或溢出，都将顺着地面（或水面）漂散流淌，而且易燃液体还有比重和水溶性等涉及能否用水和普通泡沫扑救的问题，以及危险性很大的沸溢和喷溅问题。遇易燃液体火灾，一般应采用以下应急处置措施。

（1）首先应切断火势蔓延的途径，冷却和疏散受火势威胁的压力及密闭容器和可燃物，控制燃烧范围，并积极抢救受伤和被困人员。如有液体流淌时，应筑堤（或用围油栏）拦截流淌的易燃液体或挖沟导流。

（2）及时了解和掌握着火液体的品名、比重、水溶性、毒性、腐蚀、沸溢、喷溅等危险性，以便采取相应的灭火和防护措施。

（3）对较大的储罐或流淌火灾，应准确判断着火面积和液体性质，采取相应灭火措施。

小面积（一般 50 m² 以内）液体火灾，一般可用雾状水扑灭，可用泡沫、干粉、二氧化碳灭火器。

大面积液体火灾必须根据其相对密度（比重）、水溶性和燃烧面积大小，选择正确的灭火剂扑救。

比水轻又不溶于水的液体（如汽油、苯等）用直流水、雾状水灭火往往无效，可用普通蛋白泡沫或轻水泡沫灭火。用干粉扑救时，灭火效果要视燃烧面积大小和燃烧条件而定，最好用水冷却罐壁。

比水重又不溶于水的液体（如二硫化碳）起火时可用水扑救，水能覆盖在液面上灭火，用泡沫也有效。用干粉扑救时，灭火效果要视燃烧面积大小和燃烧条件而定，最好用水冷却罐壁。

具有水溶性的可燃液体（如醇类、酮类等），虽然从理论上讲能用水稀释扑救，但这不仅需要大量的水，也容易使液体溢出流淌，而普通泡沫又会受到水溶性液体的破坏（如果普通泡沫强度加大，可以减弱火势），因此，最好用抗溶性泡沫扑救。

（4）扑救毒害性、腐蚀性或燃烧产物毒害性较强的易燃液体火灾，扑救人员必须佩戴防护面具，采取防护措施。

（5）扑救原油和重油等具有沸溢和喷溅危险的液体火灾，如有条件，可采用切水搅拌等防止发生沸溢和喷溅的措施，在灭火的同时必须注意和观察是否有沸溢、喷溅的征兆。发现危险征兆时，现场指挥应迅速作出准确判断，及时下达撤退命令，避免造成扑救人员伤亡和装备损失。扑救人员看到或听到统一撤退信号后，应立即撤至安全地带。

（6）易燃液体管道或储罐泄漏着火，在切断蔓延途径把火势限制在一定范围内的同时，对输送管道应设法找到并关闭进出阀门。如果管道阀门已损坏或是储罐泄漏，应迅速准备好堵漏材料，然后先用泡沫、干粉、二氧化碳或雾状水等扑灭地上的流淌火焰，为堵漏扫清障碍，再扑灭泄漏口的火焰，并迅速采取堵漏措施。与气体堵漏不同的是，液体一次堵漏失败，可连续堵几次，用泡沫覆盖地面，堵住液体流淌和控制好周围的着火源。

6. 扑救爆炸物品火灾应急处置的措施有哪些？

爆炸物品一般都有专门或临时的储存仓库。这类物品由于内部结构含有爆炸性基因，受摩擦、撞击、振动、高温等外界因素激发，极易发生爆炸，遇明火则更危险。遇爆炸物品火灾，一般应采取以下应急处置措施。

（1）迅速判断和查明再次发生爆炸的可能性和危险性，紧紧抓住爆炸后和再次发生爆炸之前的有利时机，采取一切可能的措施，全力制止再次爆炸的发生。

（2）切忌用沙土盖压，以免增强爆炸物品爆炸时的威力。

（3）如果有疏散可能，人身安全上确有可靠保障，应迅速组织力量及时疏散着火区域周围的爆炸物品，使着火区域周围形成一个隔离带。

（4）扑救爆炸物品堆垛时，水流应采用吊射，避免强力水流直接冲击堆垛，以免堆垛倒塌引起再次爆炸。

（5）灭火人员应尽量利用现场现成的掩蔽体或尽量采用卧姿等低姿射水，尽可能地采取自我保护措施。消防车辆不要停靠在离爆炸物品太近的水源。

（6）灭火人员发现有发生再次爆炸的危险时，应立即向现场指挥报告，现场指挥应迅速作出准确判断，确有发生再次爆炸征兆或危险时，应立即下达撤退命令。灭火人员看到或听到撤退信号后，应迅速撤至安全地带，来不及撤退时，应就地卧倒。

7. 扑救遇湿易燃物品火灾应急处置的措施有哪些?

遇湿易燃物品能与水发生化学反应，产生可燃气体和热量，有时即使没有明火也能自动着火或爆炸，如金属钾、钠以及三乙基铝（液态）等。这类物品有一定数量时，绝对禁止用水、泡沫、酸碱灭火器等湿性灭火器扑救。对遇湿易燃物品火灾，一般应采取以下应急处置措施。

（1）应了解清楚遇湿易燃物品的品名、数量、是否与其他物品混存、燃烧范围、火势蔓延途径。

（2）如果只有极少量（一般 50 g 以内）遇湿易燃物品，则不管是否与其他物品混存仍可用大量的水或泡沫扑救。水或泡沫刚接触着火点时，短时间内可能会使火势增大，但少量遇湿易燃物品燃尽后，火势很快就会熄灭或减弱。

（3）如果遇湿易燃物品数量较多，且未与其他物品混存，则绝对禁止用水或泡沫酸碱等湿性灭火剂扑救。遇湿易燃物品应用干粉、二氧化碳扑救，只有金属钾、钠、铝、镁等个别物品火灾不能用二氧化碳灭火器。固体遇湿易燃物品应用水泥、干沙、干粉、硅藻土和蛭石等覆盖。对遇湿易燃物品中的粉尘如镁粉、铝粉等，切忌喷射有压力的灭火剂，以防止将粉尘吹扬起来，与空气形成爆炸性混合物而导致爆炸发生。

（4）如果有较多的遇湿易燃物品与其他物品混存，则应先查明是哪类物品着火，遇湿易燃物品的包装是否损坏。可先开关水枪向着火点吊射少量的水进行试探，如未见火势明显增大，证明遇湿物品尚未着火，包装也未损坏，应立即用大量水或泡沫扑救，扑灭火势后立即组织力量将淋过水或仍在潮湿区域的遇湿易燃物品疏散到安全地带分散开来。如射水试探后火势明显增大，则证明遇湿易燃物品已经着火或包装已经损坏，应禁止用水、泡沫、酸碱灭火器扑救；若是液体应用干粉等灭火器扑救，若是固体应用水泥、干沙等覆盖，如遇钾、钠、铝、镁轻金属发生火灾最好用石墨粉、氯化钠以及专用的轻金属灭火剂扑救。

（5）如果其他物品火灾威胁到相邻的较多遇湿易燃物品，应先用油布或塑料膜等其他防水布将遇湿易燃物品遮盖好，然后再在上面盖上棉被并淋上水。如果遇湿易燃物品存放处地势不太高，可在其周围用土筑一道防水堤。在用水或泡沫扑救火灾时，对相邻的遇湿易燃物品应留一定的力量监护。

8. 扑救毒害品、腐蚀品火灾应急处置的措施有哪些？

毒害品、腐蚀品对人体都有一定危害，毒害品主要经口或吸入蒸气或通过皮肤接触引起人体中毒，腐蚀品通过皮肤接触使人体形成化学灼伤。毒害品、腐蚀品有些本身能着火，有些本身并不着火，但与其他可燃物品接触后能着火。遇毒害品、腐蚀品火灾，一般应采取以下应急处置措施。

（1）灭火人员必须穿防护服，佩戴防护面具。一般情况下采取全身防护即可，对有特殊要求的物品火灾，应使用专用防护服。考虑到过滤式防毒面具防毒范围的局限性，在扑救毒害品火灾时应尽量使用隔绝式氧气或空气面具。为了在火场上能正确使用和适应防护服和防护面具，平时应进行严格的适应性训练。

（2）积极抢救受伤和被困人员，限制燃烧范围。毒害品、腐蚀品火灾极易造成人员伤亡，灭火人员在采取防护措施后，应立即投入寻找和抢救受伤、被困人员的工作，并努力限制燃烧范围。

（3）扑救时应尽量使用低压水流或雾状水，避免腐蚀品、毒害品溅出。遇酸类或碱类腐蚀品最好调制相应的中和剂稀释中和。

（4）遇毒害品、腐蚀品容器泄漏，在扑灭火势后应采取堵漏措施。腐蚀品需用防腐材料堵漏。

（5）浓硫酸遇水能放出大量的热，会导致沸腾飞溅，需特别注意防护。扑救浓硫酸与其他可燃物品接触发生的火灾时，如果浓硫酸数量不多，可用大量低压水快速扑救；如果浓硫酸量很大，应先用二氧化碳、干粉、卤代烷等灭火，然后再把着火物品与浓硫酸分开。

9. 扑救易燃固体、自燃物品火灾应急处置的措施有哪些?

易燃固体、自燃物品一般都可用水或泡沫扑救，相对其他种类的化学危险物品而言是比较容易扑救的，只要控制住燃烧范围，逐步扑灭即可。但也有少数易燃固体、自燃物品的扑救方法比较特殊，如2，4-二硝基苯甲醚、二硝基萘、黄磷等。扑救易燃固体、自燃物品火灾应急处置的措施如下。

（1）2，4-二硝基苯甲醚、二硝基萘、萘等是能升华的易燃固体，受热产生易燃蒸气。火灾时可用雾状水、泡沫扑救并切断火势蔓延途径，但应注意，不能以为明火焰扑灭即已完成灭火工作。因为受热以后升华的易燃蒸气能在不知不觉中飘散，在上层与空气形成爆炸性混合物，尤其是在室内，易发生爆燃，因此，扑救这类物品火灾千万不能被假象所迷惑。在扑救过程中应不时向燃烧区域上空及周围喷射雾状水，并用水浇灭燃烧区域及其周围的一切火源。

（2）黄磷是自燃点很低，在空气中能很快氧化升温并自燃的自燃物品。遇黄磷火灾时，首先应切断火势蔓延途径，控制燃烧范围。对着火的黄磷应用低压水或雾状水扑救。高压直流水冲击能引起黄磷飞溅，导致灾害扩大。黄磷熔融液体流淌时应用泥土、沙袋等筑堤拦截并用雾状水冷却，对磷块和冷却后已固化的黄磷，应用钳子钳入储水容器中。来不及钳时可先用沙土掩盖，但应做好标记，等火势被扑灭后，再逐步集中到储水容器中。

（3）少数易燃固体、自燃物品不能用水和泡沫扑救，如三硫化二磷、铝粉、烷基铝、保险粉等，应根据具体情况区别处理，宜选用干沙和不用压力喷射的干粉扑救。

10. 危险化学品生产安全事故应急终止后，后期处置主要开展哪些工作？

（1）污染物的处置。由环境监测组对事故现场及周边可能存在的污物介质指定专人全面检查并彻底清理，清理后收集并送至有资质的单位进行处置，防止发生环境污染及其他次生灾害。

（2）生产秩序的恢复。维修时注意施工作业的安全，防止发生窒息、火灾爆炸事故。事故现场得到彻底清理，损坏的设备设施得到维修，事故调查小组查清事故发生的原因后，企业做好恢复生产的各项准备工作，安全装置、应急物资、设施设备、报警装置等一定要完好有效，进行安全条件确认，并对职工进行相应的安全教育，尤其是要在吸取事故教训后，方可由总指挥宣布恢复生产。

（3）医疗救治。对事故中受伤人员进行现场救治以及送至医疗机构后进行进一步治疗。

（4）人员安置。对伤员进行护理并运离事故现场，对伤员进行妥善安置并在医疗人员抵达后帮助医疗人员了解现场人员伤亡情况，辅助搬运人员。

（5）善后赔偿。主要包括做好救灾过程中受伤亡员工安抚工作以及造成环境损失的弥补工作。

（6）协助事故调查小组开展事故调查工作。

（7）应急处置总结。

11. 重大危险源事故应急处置总结的内容有哪些？

重大危险源事故应急处置终止后，重大危险源操作负责人应按照主要负责人要求编写应急处置总结，并按要求上报，应急总结应至少包括以下内容：

（1）事件基本情况，包括事件发生时间、地点、波及范围、损失、人员伤亡情况、事件发生初步原因；

（2）先期处置情况及事故信息接收、流转与报送情况；

（3）应急预案实施情况、组织指挥情况；

（4）现场救援方案制定及执行情况；

（5）现场应急救援队伍工作情况；

（6）现场管理和信息发布情况；

（7）应急资源保障情况；

（8）防控环境影响措施的执行情况；

（9）救援成效、经验和教训；

（10）相关建议。

❓ 思考题

1. 三硫化二磷、铝粉、烷基铝发生火灾应急处置的措施有哪些？

2. 发生生产安全事故后，重大危险源操作负责人应在事故应急救援过程中承担哪些职责？

3. 针对不同的事故状态，重大危险源企业应如何开展事故应急处置？

第三节　应急器材配备管理与使用维护

一、应急器材配备与管理

1. 重大危险源应急器材的配备要求有哪些？

（1）《危险化学品安全管理条例》第七十条规定，危险化学品单位应当制定本单位危险化学品事故应急预案，配备应急救援人员和必要的应急救援器材、设备，并定期组织应急救援演练。

（2）《生产安全事故应急条例》第十三条规定，易燃易爆物品、危险化学品等危险物品的生产、经营、储存、运输单位，应当根据本单位可能发生的生产安全事故的特点和危害，配备必要的灭火、排水、通风以及危险物品稀释、掩埋、收集等应急救援器材、设备和物资。

（3）《危险化学品从业单位安全标准化通用规范》（AQ 3013—2008）第5.9.5条规定，企业应按国家有关规定，配备足够的应急救援器材，并保持完好。企业应为有毒有害岗位配备救援器材柜，放置必要的防护救护器材，进行经常性的维护保养并记录，保证其处于完好状态。

（4）《生产安全事故应急预案管理办法》第三十八条规定，生产经营单位应当按照应急预案的规定，落实应急指挥体系、应急救援队伍、应急物资及装备，建立应急物资、装备配备及其使用档案，并对应急物资、装备进行定期检测和维护，使其处于适用状态。

2. 危险化学品单位重大危险源场所应如何配备应急救援物资？

危险化学品单位重大危险源场所配备的应急救援物资应结合构成重大危险源的危险化学品特性以及可能发生的事故类型确定。

根据《危险化学品单位应急救援物资配备要求》（GB 30077—2013）的要求，危险化学品生产和储存单位应急救援物资的配备应符合以下要求。

（1）作业场所应急救援物资配备要求。在危险化学品单位作业场所，作业场所应急救援物资配备标准应符合表3-1的要求。

表3-1　　　　　　作业场所应急救援物资配备标准

序号	物资名称	技术要求或功能要求	配备	备注
1	正压式空气呼吸器	技术性能符合GB/T 18664要求	2套	
2	化学防护服	技术性能符合AQ/T 6107要求	2套	具有有毒、腐蚀性液体危险化学品的作业场所
3	过滤式防毒面具	技术性能符合GB/T 18664要求	1个/人	类型根据有毒有害物质确定，数量根据当班人数确定
4	气体浓度检测仪	检测气体浓度	2台	根据作业场所的气体确定
5	手电筒	易燃易爆场所，防爆	1个/人	根据当班人数确定

续表

序号	物资名称	技术要求或功能要求	配备	备注
6	对讲机	易燃易爆场所，防爆	4台	
7	急救箱或急救包	物资清单见 GBZ 1	1包	
8	吸附材料或堵漏器材	处理化学品泄漏	*	以工作介质理化性质选择吸附材料，常用吸附材料为干沙土（具有爆炸危险性的除外）
9	洗消设施或清洗剂	洗消受污染或可能受污染的人员、设备和器材	*	在工作地点配备
10	应急处置工具箱	工具箱内配备常用工具或专业处置工具	*	根据作业场所具体情况确定

注：表中"＊"表示由单位根据实际需要进行配置，本标准不作规定。

（2）企业应急救援人员个体防护器材配备要求。企业应急救援队伍应急救援人员的个人防护装备配备标准应符合表3-2的要求。

表 3-2　　　　　　应急救援人员个人防护装备配备标准

序号	名称	主要用途	配备	备份比	备注
1	头盔	头部、面部及颈部的安全防护	1顶/人	4：1	
2	二级化学防护服装	化学灾害现场作业时的躯体防护	1套/10人	4：1	1. 以值勤人员数量确定 2. 至少配备2套
3	一级化学防护服装	重度化学灾害现场全身防护	*		
4	灭火防护服	灭火救援作业时的身体防护	1套/人	3：1	指挥员可选配消防指挥服
5	防静电内衣	可燃气体、粉尘、蒸汽等易燃易爆场所作业时的躯体内层防护	1套/人	4：1	
6	防化手套	手部及腕部防护	2副/人		应针对有毒有害物质穿透性选择手套材料
7	防化靴	事故现场作业时的脚部和小腿部防护	1双/人	4：1	易燃易爆场所应配备防静电靴
8	安全腰带	登梯作业和逃生自救	1根/人	4：1	

序号	名称	主要用途	配备	备份比	备注
9	正压式空气呼吸器	缺氧或有毒现场作业时的呼吸防护	1具/人	5∶1	1. 根据值勤人员数量确定 2. 备用气瓶按照正压式空气呼吸器总量1∶1备份
10	佩戴式防爆照明灯	单人作业照明	1个/人	5∶1	
11	轻型安全绳	救援人员的救生、自救和逃生	1根/5人	4∶1	
12	消防腰斧	破拆和自救	1把/人	5∶1	

注1：表中"备份比"是指应急救援人员防护装备配备投入使用数量与备用数量之比。

注2：根据备份比计算的备份数量为非整数时向上取整。

注3：第三类危险化学品单位应急救援人员可佩戴作业场所的个体防护装备，不配备该表中的装备。

注4："＊"表示由单位根据实际需要进行配置，本标准不作规定。

此外，对于沿江河湖海的危险化学品单位应配备水上灭火抢险救援、水上泄漏物处置和防汛排涝物资。

（3）应急救援队伍抢险救援物资配备。对于构成重大危险源的企业，根据从业人员数量、营业收入和危险化学品重大危险源级别，将危险化学品单位分为第一类、第二类和第三类。分类方式见表3-3。

表3-3　　　　　　　　　　危险化学品单位分类方式

企业规模	危险化学品重大危险源级别			
	一级危险化学品重大危险源	二级危险化学品重大危险源	三级危险化学品重大危险源	四级危险化学品重大危险源
从业人数300人以下或营业收入2 000万元以下	第二类危险化学品单位	第三类危险化学品单位	第三类危险化学品单位	第三类危险化学品单位
从业人数300人以上1 000人以下或营业收入2 000万元以上40 000万元以下	第二类危险化学品单位	第二类危险化学品单位	第二类危险化学品单位	第三类危险化学品单位
从业人数1 000人以上或营业收入40 000万元以上	第一类危险化学品单位	第二类危险化学品单位	第二类危险化学品单位	第二类危险化学品单位

注1：表中所称的"以上"包括本数，所称的"以下"不包括本数。

注2：没有危险化学品重大危险源的危险化学品单位可作为第三类危险化学品单位。

对于每一类危险化学品单位，应急救援队伍配备的器材包括侦检、警戒、灭火、通信、救生、破拆、堵漏、输转、洗消、排烟、照明及其他类型。

第一类危险化学品单位堵漏器材的配备要求见表 3-4。

表 3-4　　　　　　　　第一类危险化学品单位堵漏器材配备要求

序号	物资名称	主要用途或技术要求	配备	备注
1	木制堵漏楔	各类孔洞状较低压力的堵漏作业；经专门绝缘处理，防裂，不变形	1 套	每套不少于 28 种规格
2	气动吸盘式堵漏工具	封堵不规则孔洞；气动、负压式吸盘，可输转作业	1 套	根据企业实际情况和工艺特点，选配 1 套堵漏工具
3	粘贴式堵漏工具	各种罐体和管道表面点状、线状泄漏的堵漏作业；无火花材料		
4	电磁式堵漏工具	各种罐体和管道表面点状、线状泄漏的堵漏作业；适用温度不大于 80 ℃		
5	注入式堵漏工具	阀门或法兰盘堵漏作业；无火花材料；配有手动液压泵，液压不小于 74 MPa，使用温度-100 ℃~400 ℃	1 套	含注入式堵漏胶 1 箱
6	无火花工具	易燃、易爆事故现场的手动作业，铜制材料	1 套	每套不小于 11 种
7	金属堵漏套管	各种金属管道裂缝的密封堵漏	1 套	
8	内封式堵漏袋	圆形容器和管道的堵漏作业；由防腐橡胶制成，工作压力 0.15 MPa，4 种，直径分别为 10 mm/20 mm，20 mm/40 mm，30 mm/60 mm，50 mm/100 mm	*	
9	外封式堵漏袋	罐体外部堵漏作业；由防腐橡胶制成，工作压力 0.15 MPa，2 种，尺寸为 5 mm/20 mm，20 mm/48 mm	*	
10	捆绑式堵漏袋	管道断裂堵漏作业；由防腐橡胶制成，工作压力 0.15 MPa，2 种，尺寸为 5 mm/20 mm，20 mm/48 mm	*	
11	阀门堵漏套具	阀门泄漏的堵漏作业	*	
12	管道黏结剂	小空洞或砂眼的堵漏	*	

注："*"表示由单位根据实际需要进行配置，本标准不作规定。

第二类、第三类危险化学品单位堵漏器材的配备要求参见《危险化学品单位应急救援物资配备要求》（GB 30077—2013）。

3. 危险化学品单位应急救援物资的管理要求有哪些?

(1) 危险化学品单位应建立应急救援物资的有关制度和记录,包括物资清单、物资使用管理制度、物资测试检修制度、物资租用制度、资料管理制度、物资调用和使用记录以及物资检查维护、报废及更新记录。

(2) 应急救援物资应明确专人管理;严格按照产品说明书要求,对应急救援物资进行日常检查、定期维护保养;应急救援物资应存放在便于取用的固定场所,摆放整齐,不得随意摆放和挪作他用。

(3) 应急救援物资应保持完好,随时处于备战状态;物资若有损坏或影响安全使用的,应及时修理、更换或报废。

(4) 应急救援物资的使用人员应接受相应的培训,熟悉装备的用途、技术性能及有关使用说明资料,并遵守操作规程。

(5) 在危险化学品单位作业场所,应急救援物资应存放在应急救援器材专用柜或指定地点。

二、应急器材使用与维护

1. 正压式空气呼吸器检查、维护要求有哪些?

根据《正压式消防空气呼吸器》(XF 124—2013)及其他相关规定,对正压式空气呼吸器检查、维护有以下要求。

(1) 检查全面罩的面窗是否清洁,无划痕、裂纹,环状橡胶密封垫无灰尘、断裂等影响密封性能的因素存在;检查系带、导管、连接处有无松动、断裂。

(2) 气瓶压力检查。工作压力为 30 MPa,气瓶使用压力不低于 21 MPa。

(3) 系统泄漏检查。打开气瓶阀,观察压力表,待压力表指针稳定后关闭气瓶阀,1 分钟内压力下降应小于 5.0 MPa。

(4) 报警器报警压力检查。打开气瓶阀,待压力达到气瓶压力后,关闭气瓶阀;然后缓慢打开冲泄阀,当压力降至 5.0 MPa 时,报警器应开始报警,声音应响亮。

(5) 面罩气密性能检查。佩戴好面罩,用手掌捂住面罩与供气阀连接处,深吸一口气，检查面罩是否有泄漏，否则应更换面罩。

（6）呼吸性能检查。面罩气密性能检查合格后，打开气瓶阀，将面罩佩戴好再将供气阀与面罩连接，关闭供气阀上的冲泄阀开关，深呼吸数次，应感觉呼吸舒畅，打开和关闭冲泄阀开关2次，开关应灵活，供气阀应能正常打开。

2. 空气呼吸器使用方法与注意事项有哪些？

（1）正压式空气呼吸器的使用步骤

1）打开气瓶阀，检查气瓶气压（压力应大于25 MPa），然后关闭阀门，放尽余气。

2）气瓶阀门和背托朝上，利用过肩式或交叉穿衣式背上呼吸器，适当调整肩带的上下位置和松紧，直到感觉舒适为止。

3）插入腰带插头，然后将腰带一侧的伸缩带向后拉紧扣牢。

4）撑开面罩头网，由上向下将面罩戴在头上，调整面罩位置。用手按住面罩进气口，通过吸气检查面罩密封是否良好，否则再收紧面罩紧固带，或重新戴面罩。

5）打开气瓶开关及供气阀。

6）将供气阀接口与面罩接口吻合，然后握住面罩吸气根部，左手把供气阀向里按，当听到"咔嚓"声即安装完毕。

7）应呼吸若干次检查供气阀性能。吸气和呼气都应舒畅，无不适感觉。

（2）注意事项

1）必须2名或2名以上人员协同作业，事前确定好联络信号。

2）正确佩戴面具，检查合格即可使用。面罩与皮肤之间无头发或胡须等，确保面罩密封。供气阀要与面罩接口黏合牢固。在使用中因碰撞或其他原因造成面罩错动时，应及时屏住呼吸，以免吸入有毒气体，并立即使面罩复位，撤离作业区域。

3）严禁在有毒区域内摘下空气呼吸器的面罩。

4）经常查看压力表，注意余气量，使用过程中要注意报警器发出的报警信号。当压力降至5.0 MPa或听到报警声时，应立即撤离作业现场。

5）在使用空气呼吸器前，必须按佩戴顺序佩戴，严禁佩戴完毕后再打开气瓶阀。

6）使用过的空气呼吸器应在登记卡上登记。

3. 化学防护服的使用、检查、维护要求有哪些？

根据《化学防护服的选择、使用和维护》（AQ/T 6107—2008），对化学防护服的使用、检查、维护有以下要求。

（1）化学防护服的分类。化学防护服的防护等级分为两类：高等级和低等级。低等级的化学防护服是为避免穿着者身体偶尔接触低毒性的化学品提供保护；高等级的防护服是为避免穿着者受工作场所存在的毒品、有毒品或有害品的危害。化学防护服的分类见表3-5。

表 3-5　　　　　　　　　　　化学防护服的分类

类型	服装种类	服装描述
气体致密型化学防护服	可重复使用和有限次使用	内置空气呼吸器（如 SCBA）的气体致密型化学防护服
		外置空气呼吸器的气体致密型化学防护服
		带正压供气式呼吸防护装备的气体致密型化学防护服
液体致密型化学防护服	可重复使用和有限次使用	防化学液体的化学防护服
		防化学液体的局部化学防护服
粉尘致密型化学防护服	可重复使用和有限次使用	防化学粉尘穿透的化学防护服

注：SCBA 指携气式呼吸防护用品。

（2）化学防护服的选择。应根据化学品危害性选择防护性能适宜的化学防护服，并满足以下要求：

1）化学防护服的类型应满足预期的防护要求；

2）服装材料的化学防护性能和机械性能应达到预期的防护要求，同时应考虑工作环境、作业过程和使用后污染最小原则；

3）选择合身的化学防护服；

4）适当选择配套使用的其他个体防护装备；

5）用于存在爆炸危险的化学抢险事故现场的化学防护服必须附加阻燃功能

和耐高温功能；

6）在易燃易爆或有静电危害的作业环境中，所使用的化学防护服必须具有防静电功能；

7）选择符合标准的化学防护服，并在服装上有明确的标准标志。

各类型化学防护服的使用示例见表3-6。

表3-6　　　　　　　　　　各类型化学防护服的使用示例

防护性能等级	类型	危害物性质	危害物的物理形态	使用示例	备注
高	气体致密型化学防护服	剧毒品	气体状态	化学气体泄漏事故处理；熏蒸工艺的工作场所；存在强挥发性液体（如二氯甲烷）的密闭空间	谨防化学品状态的变化，如固体的升华、液体的挥发，以及两种物质的化学反应等
		剧毒品	非挥发性的气雾/液态气溶胶	酸雾处理作业场所；特殊的喷涂作业；制药生产线	
	液体致密型化学防护服	剧毒品	非挥发性液体不间断地喷射	化学液体泄漏事故处理；化工设备（如硫酸输送压力管道）维护时化学液体意外泄漏	防液体渗透的化学防护服
		有毒品/有害品	非挥发性的雾状液体的喷射	工业喷射应用（如喷漆）；会产生雾状化学品的农业操作	防化学液体穿透的化学防护服
	粉尘致密型化学防护服	有毒品/有害品	固体粉尘	爆破和废料回收工作；会产生危险化学粉尘的农业操作；石棉操作	防化学粉尘和矿物纤维穿透的化学防护服
低	液体致密型化学防护服	刺激品/皮肤吸收	只有暴露时才会直接接触的低风险	一般的农作物药物喷射作业；实验室化学处理作业	防局部渗透的化学防护服

（3）化学防护服的使用

1）一般原则。穿着化学防护服前，应进行外观缺陷检查，如服装上有裂痕、严重的磨损、烧焦、老化、穿孔等明显的损坏，不允许使用。

在使用化学防护服前，使用者和其他相关人员应接受适当的培训，并确保其他必要的支持系统（如净化设备、使用与维护记录体系）准备就位。

进入有害环境前，应先穿好化学防护服。在有害环境作业的人员，应始终穿着化学防护服。

化学防护服被危险化学品污染后，应在指定区域脱下服装。若危险化学品接触到皮肤，应进行简单的急救处理。不同危险化学品的急救措施如下。

①剧毒品。立即脱去衣服，用大量水冲洗至少 15 min，就医。

②有毒品。脱去衣服，用大量水冲洗至少 15 min，就医。

③有害品。脱去污染的衣服，用肥皂水和清水冲洗皮肤。

④腐蚀品。立即用大量水冲洗至少 15 min，若有灼伤，就医。

2）化学防护服使用注意事项

①应该实施程序化的制度确保准确地发放化学防护服。

②污垢以及残留的化学品会影响可重复使用的化学防护服的防护性能，正确消洗污染物能延长其使用寿命或次数。

③污染后的化学防护服应按一定的顺序脱下，必要时可寻求帮助，以最大限度减小二次污染的可能性。

以下措施可有效阻止污染的扩散：对其外层消毒时，事先除去手套和鞋类；除去化学防护服时使内面外翻；脱去受污染的服装，若污染物可能危害呼吸系统，应考虑使用呼吸防护装备；脱下受污染的化学防护服时，同样应考虑帮助者的安全防护措施；污染衣脱下后应放置于指定的地方，最好放在密闭容器内；不应在食品和饮料的消费区域、吸烟区和化妆区等地方穿着化学防护服；穿上化学防护服后要注意个人卫生，不吸烟、吃东西、喝饮料、使用化妆品或者去厕所。

（4）化学防护服的维护

1）被污染的服装处理。可重复使用的化学防护服被危险化学品污染后应及时处理，参考生产商的指导有效地进行消洗，但应注意许多化学品会渗进化学防护服并影响它的防护效力。

有限次使用的化学防护服被化学品污染后应废弃。

任何被废弃或污染过的化学防护服都应被安全处理。可由使用方按照污染物的处理要求自行处理，或由使用方委托专业废弃物处理机构进行处理。

2）清洗。清洗是清洗外层的污垢，服装内层的清洗只是出于卫生的考虑。

有限次使用的化学防护服如果没被危险化学品污染，并有明确标识可清洗的，清洗后才能再次使用。

任何清洗剂要按照生产商的建议使用，清洗人员应熟知制造商的产品清洗建议和污染物的性质。

3）修复。化学防护服清洗完毕应进行详细的检查，如果发现损坏，应根据说明书修复指导进行修复，或者寄回生产商进行修复，重新检测合格后，修复过的化学防护服方可安全使用。

4）使用记录。按照化学防护服的类型记录使用情况，使用记录的内容包括：

①该服装的标志（类型和规格）；

②生产/出厂时间；

③检查和测试的记录；

④可重复使用的化学防护服的使用记录，包括使用日期、使用情况、使用者的名字；

⑤清洗/除污相关记录；

⑥修复记录；

⑦弃用日期和原因。

4. 便携式气体检测仪使用注意事项有哪些？

（1）首先要注意轻拿轻放，严禁摔打、碰撞仪器，保持存放环境的干燥通风，防止仪器受潮。

（2）避免仪器存放在温度过高或过低，或有腐蚀性气体的环境中，防止仪器外壳受到腐蚀或损坏。

（3）禁止高浓度气体的冲击，以免损坏传感器，可燃气体检测仪（催化燃烧型）还要远离硫化物、卤化物、硅烷等有毒气体环境或可能释放此类有毒气体的物质，防止传感器催化剂中毒从而影响检测效果。

（4）经常检查仪器的外观情况，根据检定规程定期做好仪器检定工作，保证仪器检测数据真实有效。

（5）首次使用便携式气体检测仪前，应检查出厂预设报警值是否符合国家标准，如不符合，则应根据说明书的操作要求重新设定报警值。

❓ **思考题**

> 1. 危险化学品单位应急救援物资配备要求有哪些？
> 2. 应急救援器材的种类选择原则是什么？
> 3. 危险化学品单位应如何做好应急防护器材管理？

第四节　重大危险源事故事件管理

一、事故事件分类

1. 什么是事故？什么是生产安全事故？事故发生具有什么特点？

事故是人（个人或集体）在实现某种意图而进行的活动过程中，突然发生的、违反人的意志的、迫使活动暂时或永久停止的事件。事故有两方面的特征：一方面它是意外发生的（不是计划的也不是人为预期的）；另一方面是导致了负面结果，产生了一定的后果。这些后果通常包括人员伤亡、财产损失、环境破坏或生产中断等。事故是一类特殊的事件，所以事故属于事件的范畴。

生产安全事故是指生产经营单位在生产经营活动（包括与生产经营有关的活动）中突然发生的，伤害人身安全和健康，或者损坏设备设施，或者造成经济损失的，导致原生产经营活动（包括与生产经营有关的活动）暂时中止或永远终止的意外事件。

事故发生存在一个孕育、发展、发生、伤害（损失）的过程，具有因果性、突发性、偶然性、必然性、潜伏期、突发性的特点。

（1）因果性。导致事故的原因在系统中相互作用、相互影响，在一定条件下发生突变，即酿成事故。

（2）偶然性。事故发生的时间、地点、形式、规模和事故后果的严重程度是不确定的。

（3）必然性。危险客观存在，生产、生活过程必然会发生事故，采取措施预防事故，只能延长发生事故的时间间隔、概率，而不能杜绝事故。

（4）潜伏期。事故发生之前存在一个量变过程，一个系统很长时间没有发生事故，并不意味着系统是安全的。

（5）突发性。事故一旦发生，往往十分突然，令人措手不及。

2. 为什么要开展事故事件管理？

海因里希法则指出，每一起重大事故的背后，必然有 29 起轻微事故和 300 起未遂先兆以及 1 000 个安全隐患。某一事件的发生，特别是同类事件和隐患的重复发生，究其根本原因，往往是隐藏在冰山下的"一角"。海因里希法则如图 3-1 所示。

引发事故的四个基本要素是人的不安全行为、物的不安全状态、环境的不安全条件及管理的缺陷。当前伤亡事故中，90%以上的事故是

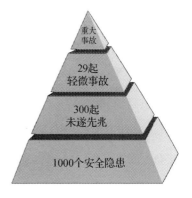

图 3-1　海因里希法则示意图

由于人的不安全行为和设备隐患没能及时发现、消除等因素造成的。安全技术系统可靠性和人的可靠性不足是事故发生的深层次原因。所以，事故事件管理的主要目的就是查清原因，吸取教训，避免同类事故事件再次发生。

事件是指意外发生的事情，可能（但不一定）造成坏的后果。很多灾难性事故的调查工作表明，在大事故发生前，往往会先发生一些"未遂事件"或者

"轻微事故"。由于它们没有造成严重的后果，所以不容易引起人们的注意。但是，导致它们的直接原因或根源与潜在的重大过程安全事故有相同或相似的地方。假如环境条件发生改变，这些根源（管理上的缺陷）就可能导致灾难性的事故。所以，对未遂事件进行调查，找出相关的直接原因和根源，并及时落实改进措施，非常有助于防止发生重大事故。

企业安全管理过程中，应形成鼓励员工报告各类事故、事件的企业文化氛围。企业应制定未遂事故事件管理程序，鼓励员工报告未遂事故事件，组织对未遂事故事件进行调查、分析，找出事故根源，预防事故发生。

开展事故事件管理的作用包括以下几点。

（1）通过事故事件管理，可以使广大员工受到深刻的安全教育，吸取教训，提高遵纪守法和按章操作的自觉性。

（2）根据事故事件的调查研究、统计报告和数据分析，从中掌握事故事件的发生因素和情况、原因和规律，针对生产工作中的薄弱环节采取对策，防止类似事故事件重复发生，并为制定事故应急救援预案提供经验。

3. 安全生产事故的分类和事故等级是如何划分的?

（1）根据《生产安全事故报告和调查处理条例》，按事故造成的人员伤亡或直接经济损失，事故一般分为以下等级。

1）特别重大事故，是指造成 30 人以上死亡，或者 100 人以上重伤（包括急性工业中毒，下同），或者 1 亿元以上直接经济损失的事故。

2）重大事故，是指造成 10 人以上 30 人以下死亡，或者 50 人以上 100 人以下重伤，或者 5 000 万元以上 1 亿元以下直接经济损失的事故。

3）较大事故，是指造成 3 人以上 10 人以下死亡，或者 10 人以上 50 人以下重伤，或者 1 000 万元以上 5 000 万元以下直接经济损失的事故。

4）一般事故，是指造成 3 人以下死亡，或者 10 人以下重伤，或者 1 000 万元以下直接经济损失的事故。

注，"以上"包括本数，"以下"不包括本数。

（2）按照安全事故类别即伤害方式的不同分类。《企业职工伤亡事故分类》

（GB 6441—86）将企业工伤事故分为 20 类，分别为物体打击、车辆伤害、机械伤害、起重伤害、触电、淹溺、灼烫、火灾、高处坠落、坍塌、冒顶片帮、透水、放炮、瓦斯爆炸、火药爆炸、锅炉爆炸、容器爆炸、其他爆炸、中毒和窒息以及其他伤害等。

（3）按照安全事故的伤害程度分类。事故发生后，根据事故给伤害者带来的伤害程度及其劳动能力丧失的程度，可将事故分为轻伤、重伤、死亡三种类型。

1）轻伤事故，指损失 1 个工作日至 105 个工作日以下的失能伤害。

2）重伤事故，指损失工作日等于和超过 105 个工作日的失能伤害，重伤损失工作日最多不超过 6 000 个工作日。

3）死亡事故，指事故发生后当即死亡（含急性中毒死亡）或负伤后在 30 日内死亡的事故。

（4）按照事故性质分类。事故共分 8 类，分别是生产事故、设备事故、人身事故、火灾事故、爆炸事故、环保事故、质量事故、交通事故。

（5）按照安全事故受伤性质分类。受伤性质是指人体受伤的类型，指实质上从医学角度给予创伤的具体名称，常见的有电伤、挫伤、割伤、擦伤、刺伤、撕脱伤、扭伤、倒塌压埋伤、冲击伤等。

4. 什么是未遂事件？未遂事件分几类？未遂事件的等级是如何划分的？

未遂事件是指一个不希望发生的场景，如果情况稍有不同就可能导致伤害或损失事件。未遂事件虽然没有发生人员伤亡、中毒、财产损失、环境破坏或声誉损害，但后果可能导致上述损失。例如，企业工艺操作参数偏离至安全控制范围之外，安全联锁回路启动，这是一起未遂事件；如果操作参数偏离至安全控制范围之外，安全联锁回路未启动，可能就会导致反应失控，那就是一起事故了。

未遂事件按照事件主要原因可以分为三类，即人的不安全行为引发的未遂事件、物的不安全状态引发的未遂事件和环境的不安全因素引发的未遂事件。

未遂事件按潜在后果的严重性分为以下两类。

（1）一般未遂事件。潜在后果可能导致部门（或子公司）级事故的事件。

（2）高危未遂事件。潜在后果可能导致企业级事故的事件。

5. 如何做好事故事件管理?

企业要制定安全事件管理制度，对涉险事件、未遂事故等安全事件，一般要按照重大、较大、一般等级别进行分级管理，制定整改措施，防患于未然；建立安全事件报告激励机制，鼓励员工和基层单位报告安全事件，使企业安全生产管理由单一事后处罚，转向事前奖励和事后处罚相结合；强化事故事前控制，关口前移，积极消除人的不安全行为和物的不安全状态，把事故消灭在萌芽状态。

（1）充分认识未遂事件管理的难度

1）未遂事件很难界定。由于未遂事件没有导致人身伤害或财产损失的后果，界定和判断起来有难度。

2）未遂事件很难上报。现场员工和承包商不愿报告未遂事件，主要因为：

①因为担心遭到处罚，员工和承包商通常有隐瞒未遂事件的倾向；

②员工和承包商顾及自己或他人的面子，不愿意报告未遂事件；

③员工和承包商不了解如何报告未遂事件，或者企业没有建立起报告途径，或者员工和承包商报告了之后没有获得积极的反馈。

（2）实施未遂事件管理的措施。重大危险源操作负责人应充分认识到未遂事件管理的重要性和作用，以实际行动支持未遂事件管理的实施。

1）准确划分未遂事件。将如果条件稍有不同就可能引起伤害和财产损失的情形，界定为需要上报和处理的事件，可以分为重大未遂事件、一般未遂事件。

2）明确未遂事件的管理过程。从报告、处理、原因分析、纠正、统计分析、学习和分享等环节，用程序和制度明确下来。

3）建立未遂事件报告的工具。如观察和沟通卡、未遂事件报告表等。

4）对企业员工进行相关程序和管理工具的培训。如安全观察和沟通培训、报告和处理程序培训等。

5）建立事件上报激励机制，激励报告未遂事件。生产经营单位发生未遂事件后，未遂事件发现人应及时报告至基层部门。基层部门应根据未遂事件的潜在严重性和分析难度决定是否报告至上级主管部门。

6）开展未遂事件的调查、分析、处理、统计、报告和考评。

二、事故事件报告

1. 重大危险源发生事故后，现场有关人员应如何报告和处置？

重大危险源发生事故或险情后，现场有关人员应当立即报告主要负责人；同时积极救护受伤害者，采取措施制止事故蔓延扩大；及时、有序撤离到安全地点，减少人员伤亡；认真保护事故现场，凡与事故有关的物体、痕迹、状态，不得破坏；为抢救受害者需要移动现场某些物体时，必须做好现场标志。

（1）死亡事故、伤害、环境污染、财产损失类事故必须在规定的时间内上报。

（2）对于险情和隐患类小事件，应鼓励员工报告，建立激励机制，让员工个人对报告事故事件没有任何畏惧或其他的担心。

重大危险源发生人身伤亡事故时，企业首先要救治伤员。《生产安全事故应急条例》第十七条规定，发生生产安全事故后，生产经营单位应当立即启动生产安全事故应急救援预案，迅速控制危险源，组织抢救遇险人员。需要注意的是，发生生产安全事故后，生产经营单位的及时救治义务不仅仅是对从业人员，也包括其他受到生产安全事故影响的人员。例如，发生危险化学品泄漏事故，生产经营单位也应该及时救治受困或受到伤害的周边相关人员等。

2. 企业如何上报生产安全事故？

根据《生产安全事故报告和调查处理条例》的规定，发生生产安全事故后，事故发生单位事故现场有关人员应当立即向本单位负责人报告；单位负责人接到报告后，应当于 1 h 内向事故发生地县级以上人民政府应急管理部门和负有安全生产监督管理职责的有关部门报告。

情况紧急时，事故现场有关人员可以直接向事故发生地县级以上人民政府应急管理部门和负有安全生产监督管理职责的有关部门报告。

事故报告后出现新情况的，应当及时补报。自事故发生之日起 30 日内，事故造成的伤亡人数发生变化的，应当及时补报。

事故一般应以书面形式报告，情况特别紧急时，可用电话口头初报，随后再书面报告。报告内容包括：

（1）事故发生单位概况；

（2）事故发生的时间、地点以及事故现场情况；

（3）事故的简要经过；

（4）事故已经造成或者可能造成的伤亡人数（包括下落不明的人数）和初步估计的直接经济损失；

（5）已经采取的措施；

（6）其他应当报告的情况。

3. 何谓迟报、漏报、谎报、瞒报生产安全事故？

迟报是指超过《生产安全事故报告和调查处理条例》或者其他国家有关规定的时限报告事故情况，包括故意拖延不报的。漏报是指因过失对应上报的事故或者事故发生的时间、地点、类别、伤亡人数、直接经济损失等内容遗漏未报。谎报是指故意不如实报告事故发生单位概况、事故发生的时间和地点、简要经过、现场情况、已经造成和可能造成的伤亡人数、事故类别、直接经济损失等有关内容。瞒报是指隐瞒已发生的事故，超过规定时限未向应急管理部门和有关部门报告，并经查证属实的。发生生产安全事故后，事故发生单位在限定时限内不主动向法定部门如实报告，在被有关部门发现并开展调查时才不得已告知事故真相的，仍属瞒报事故。

4. 发生生产安全事故后，谎报或者瞒报的事故后果是什么？

根据《生产安全事故报告和调查处理条例》第三十六条规定，事故发生单位及其有关人员有谎报或者瞒报事故的行为，对事故发生单位处 100 万元以上 500 万元以下的罚款；对主要负责人、直接负责的主管人员和其他直接责任人员处上一年年收入 60% 至 100% 的罚款；属于国家工作人员的，并依法给予处分；构成违反治安管理行为的，由公安机关依法给予治安管理处罚；构成犯罪的，依法追究刑事责任。

《中华人民共和国刑法》第一百三十九条规定，在安全事故发生后，负有报告职责的人员不报或者谎报事故情况，贻误事故抢救，情节严重的，处 3 年以下有期徒刑或者拘役；情节特别严重的，处 3 年以上 7 年以下有期徒刑。

5. 何谓"情节严重"？何谓"情节特别严重"？

法律中所称的"情节严重"是指行为和事件的性质恶劣、后果严重、影响坏、危害大。根据最高人民法院、最高人民检察院《关于办理危害生产安全刑事案件适用法律若干问题的解释》（法释〔2015〕22 号）规定，造成死亡 1 人以上或者重伤 3 人以上的，或者造成直接经济损失 100 万元以上的，应当认定为刑法"重大伤亡事故或者其他严重后果"；造成死亡 3 人以上或者重伤 10 人以上的，或者造成直接经济损失 500 万元以上的，应当认定为"情节特别严重"。

三、事故事件调查

1. 企业如何开展事件调查？

（1）成立事件调查组

1）未遂事件由事件发生部门进行调查，分析事件原因，提出并落实整改措施。企业安全管理部门负责审核事件调查情况，并监督整改措施落实。

2）重大危险源场所发生事件或涉险事故后，企业安全管理部门组织成立事件调查组，操作负责人应参与。

3）调查过程中，根据需求邀请相关部门参与调查时，相关部门必须积极配合，员工有权利及义务参与事件调查。

（2）原始资料收集。事件发生后，事件调查组应对现场原始资料进行收集，事件发生部门应积极配合资料收集工作，确保掌握原始状况。

（3）完成事件调查报告。事件调查组应及时开展事件调查，完成事件调查报告。事件调查报告应包括：事件基本信息，如发生部门、事件类别、事件时间、事件地点、事件设备、事件人员信息等；事件经过及影响；原因分析，包含直接原因、间接原因、事件性质等内容分析；整改及防范措施，须有临时措施、永久措施、管理制度等各项措施的实施方案及日期；处理意见等。

重大危险源发生的事件，应由操作负责人参与编制事件调查报告，并报技术负责人。

（4）整改措施落实。事件调查组应在事件报告中制定改善和预防措施。整改责任部门在规定期限内完成全部整改措施后，向事件调查组提交整改结果。事件调查组组织相关部门进行现场确认，形成闭环管理。

2. 事故调查的"四不放过"是指什么？

事故调查的"四不放过"是指事故原因未查清不放过，事故责任人未受到处理不放过，事故责任人和广大群众没有受到教育不放过，防范措施未落实不放过。

（1）事故原因未查清不放过的含义是要求在调查处理伤亡事故时，首先要把事故原因分析清楚，找出导致事故发生的真正原因，不能在尚未找到事故主要原因时就轻易下结论，也不能把次要原因当成真正原因，直至找到事故发生的真正原因，并搞清各因素之间的因果关系才算达到事故原因分析的目的。

（2）事故责任人未受到处理不放过是安全事故责任追究制的具体体现，对事故责任人要严格按照安全事故责任追究规定和有关法律、法规的规定进行严肃处理。对事故责任人的处理体现了安全责任的落实。

（3）事故责任人和广大群众没有受到教育不放过的含义是指在调查处理事故时，不能认为原因分析清楚了，有关人员也处理了就算完成任务了，还必须使事故责任者和广大群众了解事故发生的原因及所造成的危害，并深刻认识到搞好安全生产的重要性，使大家从事故中吸取教训，在今后工作中更加重视安全工作。

（4）防范措施未落实不放过的含义是指针对事故发生的原因，在对安全生产工伤事故必须进行严肃认真调查处理的同时，还必须提出防止相同或类似事故发生的切实可行的预防措施，并督促事故发生单位加以实施。只有这样，才算达到了事故调查和处理的最终目的。

四、事故事件防范

1. 事故事件预防与控制措施是什么？

（1）事件分析和预防措施

1）事件分析的组织。一般未遂事件由基层部门组织分析，高危未遂事件由上级部门组织分析，必要时企业主管部门组织分析。承包商发生的未遂事件由承包商组织分析，必要时企业协助分析。

2）事件分析的程序和要求。事件分析人员应具有足够技能、专业知识和经验。事件分析应找出未遂事件发生的原因和潜在后果，提出防范措施。事件分析结束后，事件主管部门将事件分析信息录入安全管理系统，将事件分析结果反馈给有关单位和人员，并对相关人员进行教育。

3）未遂事件的预防措施跟踪与统计分析。对于具有共性的未遂事件，应将事件分析报告上报给上级安全管理部门，基层部门、专业或职能部门应跟踪未遂事件防范措施的完成情况。企业安全管理部门定期对未遂事件的发生规律进行分析，提出安全管理改进建议，并定期将分析结果、典型未遂事件案例向企业发布，分享经验。

（2）事故预防与控制的原则。事故预防是通过采用工程技术、管理和教育等手段使事故发生的可能性降到最低；事故控制是通过采用工程技术、管理和教育等手段使事故发生后不造成严重后果或使损害尽可能减小。控制系统危险因素和事故隐患的基本原则主要包括以下几个方面。

1）消除潜在危险的原则。在本质上消除事故隐患，是理想的、积极的、进步的事故预防措施。其根本做法是以新的系统、新的技术和工艺代替旧的不安全的系统和工艺，从根本上消除事故发生的可能性。例如，用不可燃材料代替可燃材料，改进机器设备，消除人体操作对象和作业环境的危险因素，排除噪声、尘毒对人体的影响等，从本质上实现职业安全健康。

2）降低潜在危险程度的原则。在系统危险不能根除的情况下，尽量降低系统的危险程度。一旦系统事故发生，将使其所造成的后果严重程度控制在最小。例如，手电钻工具采用双层绝缘措施，利用变压器降低回路电压，在高压容器中安装安全阀、泄压阀抑制危险发生等。

3）冗余性原则。通过多重保险、后援系统等措施，提高系统的安全系数，增加安全余量。例如，在工业生产中降低额定功率，增加钢丝绳强度，系统中增加备用装置或设备等。

4）闭锁原则。在系统中通过一些元器件的机器联锁或电气互锁，作为保障安全的条件。如冲压机器的安全互锁器等。

5）薄弱环节原则。在系统中设置薄弱环节，从而在危险情况刚出现时就被破坏，从而释放或阻断能量，以最小的、局部的损失保障整个系统的安全。如电路中的保险丝、煤气发生炉的防爆膜、压力容器的泄压阀等。

6）坚固性原则。通过增加系统强度来保证安全性。如加大安全系数，提高结构强度等措施。

7）个体防护原则。根据不同作业性质和条件配备相应的劳动防护用品及用具，以减轻事故和灾害造成的伤害或损失。

8）代替作业人员的原则。在不可能消除和控制危险、有害因素的条件下，以机器、机械手、自动控制器或机器人等代替人的某些操作，防止危险、有害因素对人体的危害。

9）警告和禁止信息原则。采用光、声、色或其他标识作为传递组织和技术信息的目标，以保证安全。如宣传画、安全标识、板报警告等。

2. 生产安全事故发生后，企业如何分析事故原因？

生产安全事故发生后，企业应根据国家相关法律、法规和标准的规定，运用科学的事故分析手段，深入剖析事故事件的根原因，找出安全管理体系的漏洞，从整体上提出整改措施，完善安全管理体系。

事故原因一般可以分为三种：直接原因、间接原因和根本原因。分析事故时，应从直接原因入手，逐步深入到间接原因，最后分析事故的根本原因，从而掌握事故的全部原因，必要时，还应考虑外部原因。

（1）事故直接原因分析。事故的直接原因分析主要集中在物的不安全状态和人的不安全行为两个方面。分析物的不安全状态主要从以下几个方面考虑：

1）安全防护装置，即防护、保险、信号等装置缺乏或有缺陷；

2）设备、设施、工具、附件有缺陷；

3）生产（施工）场地环境不良；

4）个人防护用品用具——防护服、手套、护目镜及面罩、呼吸器官护具、听力护具、安全带、安全帽、安全鞋等缺失或有缺陷。

分析人的不安全行为主要从以下几个方面考虑：

1）在没有排除故障的情况下操作，没有做好防护或提出警告；

2）在不安全的速度下操作；

3）使用不安全的设备或不安全地使用设备；

4）处于不安全的位置或不安全的操作姿势；

5）工作在运行中或有危险的设备上，冒险进入危险场所。

（2）事故间接原因分析。在《企业职工伤亡事故调查分析规则》中规定，属下列情况者为间接原因：

1）技术和设计上有缺陷，如工业构件、建筑物、机械设备、仪器仪表、工艺过程、操作方法、维修检验等的设计、施工和材料使用存在问题；

2）教育培训不够，未经培训，缺乏或不懂安全操作技术知识；

3）劳动组织不合理；

4）对现场工作缺乏检查或指导错误；

5）没有安全操作规程或不健全；

6）没有或不认真实施事故防范措施，对事故隐患整改不力；

7）其他。

（3）事故根原因分析。事故根原因主要体现在企业安全管理的制度和流程上，属于管理上的缺陷，所以，要从制度或流程中找根本原因，应从以下几个方面考虑：

1）安全方针的概括性、有效性；

2）组织结构的有效性；

3）安全管理程序和作业指导书等的充分性和有效性；

4）安全管理体系的建立、实施、保持和持续改进状况。

（4）外部原因分析。事故的外部原因有对事故发生有影响的监管因素，供应商的产品与服务因素，自然因素，事故引发人的家庭、遗传、成长环境因素，以及影响组织的政治、经济、文化、法律因素等。分析时，应具体找出其作用点和具体影响作用，为预防事故奠定基础。

❓ **思考题**

1. 企业如何避免重大危险源生产安全事故的发生？

2. 控制系统危险因素和事故隐患的基本原则是什么？

3. 发生重大危险源生产安全事故后，操作负责人应如何做？

4. 发生重大危险源生产安全事故后，操作负责人如何避免谎报或者瞒报的事故？

5. 危险化学品生产企业应如何抓好事故事件管理？

第五节　典型事故案例剖析

1. 英国邦斯菲尔德事故发生的原因是什么？我们应该从中吸取哪些事故教训？

2005 年 12 月 11 日，英国邦斯菲尔德油库发生火灾爆炸事故，爆炸和火灾摧毁了油库的大部分设施，包括 23 个大型储油罐，以及油库附近的房屋和商业设施。事故造成 43 人受伤，直接经济损失 2.5 亿英镑。事故场景如图 3-2 所示。

该油库始建于 1968 年，主要储存燃料油，包括汽油，油品储量 19.4 万 t。油库储罐的液位控制方式有两种：一是员工通过液位计进行监测；二是储罐设有独立的高液位开关（IHLS），可以在储罐过满时自动停止收油，并将液位信号远传到控制室。储罐结构示意图如图 3-3 所示。

导致这起重大事故发生的直接原因是：912 号储罐中的燃料油液位升高后，高液位报警器和高液位开关都没有发出任何动作。当罐内液位达到预设报警高度后，控制室内的操作人员未能获得任何警报信息，最后导致大量原油从罐顶溢

图 3-2　事故后的邦斯菲尔德油库

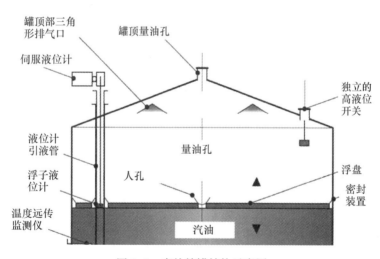

图 3-3　事故储罐结构示意图

出，形成的蒸气云被点燃，发生了巨大的爆炸和持续燃烧。

除直接原因外，事故还暴露出很多深层次原因。事故发生的间接原因有以下几个方面。

（1）储罐投用前未对安全仪表系统进行调试确认。事故储罐建设之初，安装了一个独立的高液位开关，设计方在设计时考虑到其安全可靠性，设置了挂锁，但却未能给安装者和使用者对挂锁的作用提供清晰明确的指导。安装和使用开关的人员不太了解开关的工作原理及设置挂锁的作用，公司作业人员以为挂锁仅仅是为了"防破坏"，所以在经过初次调试后，就将检核杆置于非作业位置，使高液位开关失去了正常工作的功能。企业在储罐正式投用前又未进行再次调试，致使高液位开关存在的故障问题无人发觉。

（2）设备完好性管理方面存在不足，设备带病运行。事故储罐在 2005 年 8 月投入运行后，液位计就经常不好用，液位监测系统失效，伺服液位计卡住（液位计显示水平线不发生变化）不好用的情况多次出现。企业虽采取一些措施临时解决了问题，但导致液位计卡住的原因始终未能确定，在明知储罐上的高液位开关不好用的情况下，储罐仍被"带病"使用。

（3）重大危险源监测监控系统存在缺陷。一是该公司将多个储罐的液位监测系统提供的数据集中在一个显示屏上显示，每次只能看到其中一个储罐的完整状态，不能及时发现整个罐区某一储罐出现的异常工况，给工艺应对处置带来极大不便；二是企业控制室显示屏上的储罐模拟图上有一个"紧急停车"按钮，当按下这个按钮时即可以将储罐的所有侧阀都关掉，但企业很多技术人员并不知道该按钮不好用，且从未将其纳入安全仪表系统；三是罐区没有安装可燃气体报警器，导致溢流后没有报警；四是罐区没有安装视频监控系统，导致溢流后，操作人员未能及时发现。

（4）工艺管理存在不足，交接班不清。事故调查显示，该罐区监测监控系统内置的安全系统居然允许控制室内的所有员工对其参数（包括报警设置值）进行修改，导致发生报警后储罐实际危险程度不可预知，给工艺处置带来误区。同时该油库充装作业的操作规程缺乏细节要求，缺少异常工况处置内容及应急处理相关内容。在事故发生前的 3 个月间，该储罐上的液位仪表曾经有 14 次被卡住不好用，但并未做好交接班，在故障日志上也没有这些记录。

（5）变更管理缺失，未开展风险评价工作。油库扩容后，运销能力加大，大量的油罐车司机及承包商、作业人员工作负担增加，加大了人员作业的风险，员工队伍不稳定，员工离职现象多，也使员工素质有所下降。这些因扩容变更带来的风险未引起企业重视，暗藏隐患。

（6）事故应急处置系统存在问题。一是企业设置的消防泵房位置不合理，导致泄漏的燃料油从防火堤内溢出并将消防泵房淹没;二是罐区防火堤既不防渗也不防火,不满足防火设计规范要求,且有与罐区无关的管线穿越防火堤,致使防火堤不能有效容纳泄漏的液体和消防废水,大量消防废水流出库区进入地下水中;三是当班员工风险意识不足,输油过程中在液位计卡住长达 3 个小时时间里,控制室液位指示不发生变化,操作人员未能及时通知现场人员进行确认,也没有与上游装置人员电话沟通,直至油品满罐溢出,酿成事故。

通过分析这起事故发生的原因,吸取事故教训,可以防范类似事故重复发生。

(1)加强重大危险源场所安全仪表系统的管理。《关于加强化工安全仪表系统管理的指导意见》(安监总管三〔2014〕116 号)指出,安全仪表系统(SIS)包括安全联锁系统、紧急停车系统和有毒有害、可燃气体及火灾检测保护系统等。安全仪表系统独立于过程控制系统(如分散控制系统等),生产正常时处于休眠或静止状态,一旦生产装置或设施出现可能导致安全事故的情况时,能够瞬间准确动作,使生产过程安全停止运行或自动导入预定的安全状态,因此必须有很高的可靠性(即功能安全)和规范的维护管理,如果安全仪表系统失效,往往会导致严重的安全事故。防止储罐发生超温、超压、超液位运行现象,就要高度重视安全仪表的作用。洋葱模型给大家诠释了防止安全事故的各保护层设置情况,只有有效进行层层设防,才能防范重特大事故的发生。洋葱模型示意图如图 3-4 所示。

重大危险源企业要确保安全仪表系统功能完善、投运正常,仪表安全完整性等级要符合《石油化工安全仪表系统设计规范》(GB /T 50770—2013)规定。长期未用或检修后重新投用的仪表系统在再次投用前应进行调试。

(2)加强设备完好性管理,严禁"带病运行"。《危险化学品企业安全风险隐患排查治理导则》明确了设备"带病"运行的几种情况,防范重大危险源重特大事故,就要高度重视设备设施的维护管理,及时对发现的隐患问题进行整改,避免出现"带病"运行现象。

(3)强化重大危险源监测监控设施的配备及管理。要按照重大危险源管理要求,配备温度、压力、液位、流量等监测参数及有毒、可燃气体检测报警系统,

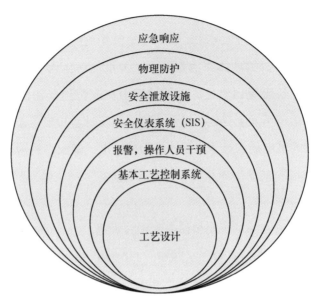

图 3-4　洋葱模型示意图

设置的视频监控系统要确保对重大危险源场所全覆盖，罐区视频监控要保证能覆盖到储罐顶部。

（4）要加强工艺纪律管理，严格交接班制度。执行工艺纪律的内容主要包括遵守操作规程、严控工艺指标、认真做好巡检、按时做好记录、及时处理报警、准确排除异常等各个方面；交接班制度则是从事连续生产的作业人员进行交接班时应该遵守的工艺纪律。

化工岗位交接班主要包括以下内容。

1）交接本班生产负荷、机组配置情况、工艺指标、产品质量和任务完成情况，以及原料、燃料和辅助材料消耗和存量情况。

2）交接各种设备、仪表运行情况及设备、管道坚固和跑冒滴漏情况。

3）交接不安全因素及已采取的预防措施和事故处理情况。

4）交接原始记录是否正确完整和岗位辖区内的定置定位、清洁卫生和其他工种在辖区内活动情况。

5）交接上级指令、要求和注意事项。

严格做好交接班，对化工企业来讲，是很重要的一件事情，也是厘清事故责任的重要依据。化工生产因交接班不清，也可能导致事故的发生，如浙江某医药公司"1·3"爆燃事故和吉林省某石油化工股份有限公司"2·17"爆炸事故等。

加强工艺纪律管理还体现在化工操作人员在任何情况下均不得随意修改工艺报警值。确需修改工艺报警值的，须在履行变更管理程序后，由仪表专业人员完成。仪表专业人员不得赋予控制室操作人员修改工艺报警值的权限。

（5）加强应急管理。要严格吸取事故教训，在消防泵房、消防控制室等全厂重要设施的位置选择上，在防火堤的设计建设过程中，必须严格按照规范标准要求设计建造，避免扩大事故后果或发生二次事故。同时提高操作人员安全意识，准确判断异常工况并及时采取相应措施。

2. 临沂金誉石化公司"6·5"事故发生的原因是什么？应该从中吸取哪些事故教训？

2017年6月5日凌晨1时左右，临沂金誉石化公司储运部装卸区的一辆液化石油气运输罐车在卸车作业过程中发生液化气泄漏，引起重大爆炸着火事故，装卸区内停放的运输车辆罐体爆炸残骸等飞溅物击中周边设施、物料管廊、液化气球罐、异辛烷储罐等，致使2个液化气球罐发生泄漏燃烧，2个异辛烷储罐发生燃烧爆炸。冲击波还扩散到控制室，造成控制室损坏。事故共造成10人死亡，9人受伤，直接经济损失4 468万元。事故现场如图3-5所示。

图3-5　金誉石化"6·5"爆燃事故现场

事故直接原因是：肇事罐车驾驶员长途奔波、连续作业，在午夜进行液化气卸车作业时，没有严格执行卸车规程，出现严重操作失误，致使快装接口与罐车液相卸料管未能可靠连接，在开启罐车液相球阀瞬间发生脱离，造成罐体内液化气大量泄漏。现场人员未能有效处置，泄漏后的液化气急剧气化，迅速扩散，与空气形成爆炸性混合气体，达到爆炸极限，遇点火源发生爆炸燃烧。

事故间接原因有以下几个方面。

（1）该公司未落实安全生产主体责任。对企业存在的安全风险特别是卸车区叠加风险辨识和评估不全面，高风险的管控措施不落实，从业人员素质和化工专业技能不能适应高危行业安全管理的需要。

（2）特种设备安全管理混乱，未依法取得移动式压力容器充装资质和工业产品生产许可资质，违法违规生产经营，特种设备管理和操作人员不具备相应资格和能力。

（3）卸载前未严格执行安全技术操作规程，对快装接口与罐车液相卸料管连接可靠性检查不到位，流体装卸臂快装接口定位锁止部件经常性损坏更换维护不及时。

（4）危险化学品装卸管理不到位，连续 24 h 组织作业，10 余辆罐车同时进入装卸现场，超负荷进行装卸作业。

（5）事故应急管理不到位，预案编制针对性和实用性差，未根据装卸区风险特点开展应急演练和培训，出现泄漏险情时，现场人员未能及时关闭泄漏罐车紧急切断阀和球阀，未及时组织人员撤离，致使泄漏持续 2 分多钟直至遇到点火源发生爆燃，造成重大人员伤亡。

事故给我们的启示及防范措施建议有以下几个方面。

（1）危险化学品生产、经营、运输企业要加强危险化学品装卸环节的安全管理。建立和完善危险化学品装卸环节的安全管理制度，严格执行危险化学品装卸车操作规程，液化气体装卸作业时应对接口连接可靠性进行确认。

（2）企业应提高应急管理水平。要针对装卸环节可能发生的泄漏、火灾、爆炸等事故，制定操作性强的事故应急救援预案，特别是完善现场处置方案，定期组织操作人员进行应急预案培训和演练，配备必要的应急救援器材，提高企业事故施救能力。

（3）合理组织装卸车作业。要科学评判集中装卸作业可能存在的风险叠加现象，合理布置装车区和待装区，减少人员密集程度和车辆密集程度，防止发生多米诺效应。

（4）加强设备完好性管理，装卸作业时不仅要检查接口可靠性，还要增强容错功能，避免失误现象发生。

（5）加强对控制室的抗爆设计，做到控制室、机柜间不得朝向具有爆炸危险性的生产装置。

3. 江苏德桥仓储有限公司"4·22"事故发生的原因是什么？应该从中吸取哪些事故教训？

2016 年 4 月 22 日 9 时 13 分左右，江苏德桥仓储有限公司储罐区 2 号交换站发生火灾，事故导致 1 人死亡（消防员），直接经济损失 2 532.14 万元人民币。

（1）事故单位简介。江苏德桥仓储有限公司共有储罐 139 个，储存能力 58 万 m^3。事故发生前储存有汽油、石脑油、甲醇、芳烃、冰醋酸、醋酸乙酯、醋酸丁酯、二氯乙烷、液态烃等 25 种危险化学品，共计 21.12 万 t，其中，油品约 14 万 t，液态化学品近 7 万 t，液化气体约 1 420 t。

该仓储公司罐区分南、北 2 个罐区，共有 11 组罐组。其中，北罐区由东向西依次为 11 罐组、12 罐组、13 罐组、14 罐组、15 罐组，共 5 组罐组，52 只立式储罐；南罐区由东向西依次为 21 罐组、22 罐组、23 罐组、24 罐组、25 罐组（2505～2510 储罐建成后拆除）、9 罐组（球罐），共 6 组罐组，66 只立式储罐，21 只球罐。罐区内还设置了泵房、集污池、1 号交换站、2 号交换站等相关辅助设施。

（2）事故发生经过

1）事故发生前的现场作业情况。事故发生前，2 号交换站内存在 4 种作业。

①过驳作业。持续到 4 月 22 日事故发生时。

②倒罐作业。从 4 月 21 日 21 时开始，2409 储罐与 2405 储罐之间倒罐汽油 760 t，作业持续到 4 月 22 日事故发生时。

③清洗作业。根据德桥公司储运部副主任的安排，4月22日8时15分左右，储运部3名操作工开始清洗2507管道（曾用于输送混合芳烃），清洗后的污水直接流入地沟。8时30分左右，储运部3名操作工开始打捞地沟及污水井水面上的浮油。

④动火作业。根据德桥公司储运部副主任的安排，4月21日12时30分左右，3名装配工开始改造2号交换站内管道。当天下午，完成了钢管除锈、打磨和刷油漆等准备工作，并将位于2号交换站内东侧的2301管道割断，在断口处各焊接一块接口法兰。当日动火开具了"动火作业许可证"，焊接点下方铺设了防火毯。储运部操作工负责监火。

4月22日上班后，3名装配工继续焊接21日下午未焊好的法兰，并对位于2号交换站东北角的1302管道壁底开一直径150 mm的接口（接口距离地面垂直距离约1 m，距离地沟水平距离约1 m），将1302管道连接到2301管道发车泵上。

4月22日事故发生时，2号交换站共有监泵、清洗、动火、监火8名人员在现场作业。

2）事故发生经过。4月21日16时左右，装配工甲找到德桥公司储运部副主任，申请22日的动火作业。德桥公司储运部副主任在"动火作业许可证"上"分析人""安全措施确认人"两栏无人签名的情况下，直接在许可证"储运部意见"栏中签名，并将许可证直接送德桥公司副总签字，德桥公司副总直接在许可证"公司领导审批意见"栏中签名。18时左右，装配工甲将许可证送到安保部，安保部巡检员甲在未对现场可燃性气体进行分析、确认安全措施的情况下，直接在许可证"分析人""安全措施确认人"栏中签名，并送给安保部副主任签字，安保部副主任在未对安全措施检查的情况下直接在许可证"安保部意见"栏中签名。

4月22日8时左右，装配工甲到安保部领取了21日审批的"动火作业许可证"，许可证"监火人"栏中无人签字。8时10分左右，电焊工开始在2号交换站内焊接2301管道接口法兰，装配工甲与打磨工在站外预制管道。安保部污水处理操作工到现场监火。

4月22日8时20分左右，电焊工焊完法兰后到站外预制管道，装配工甲到站内用乙炔焰对 1302 管道下部开口。因割口有清洗管道的消防水流出，装配工甲停止作业，等待消防水流尽。在此期间，德桥公司储运部副主任对作业现场进行过一次检查。

4 月 22 日 8 时 30 分左右，安保部巡检员乙、安保部巡检员丙巡查到 2 号交换站，安保部巡检员丙替换安保部污水处理操作工监火，安保部污水处理操作工去污水处理站监泵，安保部巡检员乙继续巡检。

4 月 22 日 9 时 13 分左右，装配工甲继续对 1302 管道开口时，立即引燃地沟内可燃物，火势在地沟内迅速蔓延，瞬间烧裂相邻管道，可燃液体外泄，2 号交换站全部过火。10 时 30 分左右，2 号交换站上方管廊起火燃烧。10 时 40 分左右，交换站再次发生爆管，大量汽油向东西两侧道路迅速流淌，瞬间形成全路面的流淌火。12 时 30 分左右，2 号交换站上方的管廊坍塌，火势加剧。事故现场如图 3-6 所示。

图 3-6　事故现场照片

3）事故原因分析。直接原因是：德桥公司组织承包商在 2 号交换站管道进行动火作业前，在未清理作业现场地沟内油品、未进行可燃气体分析、未对动火点下方的地沟采取覆盖和铺沙等措施进行隔离的情况下，违章动火作业，切割时产生火花引燃地沟内的可燃物。

间接原因有以下几个方面。

①特殊作业管理不到位。动火作业相关责任人员德桥公司副总、德桥公司储

运部副主任、安保部副主任、安保部巡检员甲等人不按签发流程，不对现场作业风险进行分析、确认安全措施。在"动火作业许可证"已过期的情况下，违规组织动火作业。

②事故初期应急处置不当。现场初期着火后，德桥公司现场人员未在第一时间关闭周边储罐根部手动阀，未在第一时间通知中控室关闭电动截断阀和第一时间切断燃料来源，导致事故扩大。德桥公司虽然制定了综合、专项、现场处置预案，并每年组织演练，但演练没有注重实效性，没有开展职工现场处置岗位演练，以提升职工第一时间应急处置能力。

③工程外包管理不到位。德桥公司对工程外包施工单位资质审查不严，未能发现无资质人员顾某以华东公司名义承接工程。对外来施工人员的安全教育培训不到位，在21日3名装配工进场作业前，安保部巡检员丁对其教育流于形式，未根据作业现场和作业过程中可能存在的危险因素及应采取的具体安全措施进行教育，考核采用抄写已做好的试卷的方式。德桥公司储运部副主任、安保部巡检员乙2人曾先后检查作业现场，安保部污水处理操作工、安保部巡检员丙先后在现场监火，都未制止施工人员违章动火作业。

④隐患排查治理不彻底。未按相关文件要求组织特殊作业专项治理，消除生产安全事故隐患。德桥公司先后因违章动火作业、火灾隐患等多次被有关部门责令整改、处以罚款。2016年3月，2号交换站曾因动火作业产生火情。

⑤德桥公司主要负责人未切实履行安全生产管理职责。德桥公司总经理未贯彻落实上级安监部门工作部署，未在全公司组织开展特殊作业专项治理，并及时启用新的"动火作业许可证"；对公司各部门履行安全生产职责督促、指导不到位，未及时消除生产安全事故隐患。

4）事故启示及防范措施建议

①落实企业安全生产主体责任，强化现场安全管理。严格遵守国家法律法规的规定，落实安全生产主体责任，切实做到"五落实五到位"。通过建立健全安全生产责任制、规章制度和操作规程，真正把安全生产责任落实到每个环节、岗位。

②完善特殊作业管理制度。加强现场作业管理，动火作业前进行可燃气体分

析、及时清理作业现场易燃油品，安排动火作业监护人进行监护，杜绝擅自动火作业的行为。

③加强承包商管理。近年来，企业工程外包现象比较普遍，尤其是一些检维修作业往往和企业生产交叉进行，致使安全生产风险增加。企业应加强对承包商作业资质审核，防止发包给不具备安全生产条件的单位，同时对承包商人员纳入本单位从业人员进行统一管理，并按有关要求进行安全教育培训。

④加强对从业人员的安全教育培训工作，增强员工安全意识和事故防范能力。加强应急管理，完善应急预案，增强预案的适用性、针对性，定期组织开展综合演练、专项演练，尤其是现场处置岗位演练，提升企业员工第一时间处置突发事故的能力，防止事故扩大。

4. 大连中石油国际储运有限公司"7·16"事故的原因是什么？应从中吸取哪些事故教训？

（1）事故发生基本情况。2010 年 7 月 16 日 18 时许，大连中石油国际储运有限公司原油罐区输油管道发生爆炸，造成原油大量泄漏并引起火灾，持续燃烧 15 h，事故造成 103 号原油储罐和周边泵房及港区主要输油管道严重损坏，原油流入附近海域，造成环境污染。事故还造成 1 名作业人员失踪，灭火过程中 1 名消防员牺牲。

该公司一期原油罐区位于大连新港，建有 6 个储罐，库存能力 60 万 m^3，二期原油罐区内建有 14 个储罐，库存能力 125 万 m^3。地形呈"西高东低、南高北低"。

2010 年 7 月 15 日，油轮开始向该公司原油罐区 304 号原油罐卸油，同时承包商作业人员开始通过罐区内 2 号输油管道排空阀向管道注入脱硫化氢剂。7 月 16 日 13 时 20 分，加剂人员在接到通知油船已停止卸油后，仍继续加注脱硫化氢剂。18 时 02 分，加注点东侧 2 号输油管道立管处发生爆炸，引起火灾，导致 103 号原油储罐起火。18 时 20 分，罐区电力系统损坏，罐区断电，消防系统不能正常工作，罐区阀门不能关闭，致使火势扩大。

16 日 23 时 30 分，在经过大连市消防救援人员扑救后，火势得到初步控制，最初发生爆炸的输油管道（直径 900 mm）大火被扑灭。但是与原油储罐相连的管道（直径 700 mm）仍在燃烧，储罐与输油管线之间阀门被烧坏，无法切断原油，原油从油罐中持续流出、起火。17 日凌晨，地面流淌的原油通过罐区排水系统出口流入海域，造成污染，至 17 日 14 时左右，火势完全被扑灭。

事故造成 103 号原油储罐（10 万 m³）被完全烧毁，油罐一侧已塌陷，附近的输油管线受损，一期罐区油泵房、计量间、变配电间、消防泵房被烧毁，罐区南部控制室被烧毁。事故现场情况如图 3-7 和图 3-8 所示。

图 3-7 事故现场图

（2）事故原因

1）事故发生的直接原因

①违规进行加剂（脱硫化氢剂，含 85% 双氧水）作业。在油轮暂停卸油作业的情况下，继续加入大量脱硫化氢剂，造成双氧水在加剂口附近输油管段内局部富集。

②输油管内高浓度的双氧水与原油及铁锈等杂质接触发生放热反应，致使管内温度升高。

③在温度升高的情况下，双氧水与管壁接触，亚铁离子促进双氧水的分解，使管内温度和压力快速升高，形成"分解—管内温度、压力升高—分解加快—管

图 3-8　发生火灾的 103 号原油罐

内温度、压力快速升高"的连续循环，引起输油管道中双氧水发生爆炸，原油泄漏，引发火灾。

2）事故发生的间接原因

①安全主体责任不落实。整个罐区管理混乱，层次较多，没有执行"谁主管，谁负责"的原则，造成安全主体责任不落实，安全监管不到位。

②变更管理不善。此次作业，加剂工艺发生了变更，原油脱硫化氢剂生产厂家发生变更，脱硫化氢剂的活性组分由有机胺类变更为双氧水，但是事故单位没有针对这一变更进行风险分析，没有制定完善的加剂方案。

③事故单位对承包商监管不力。事故单位对加入的原油脱硫化氢剂的安全可靠性没有进行科学论证，直接将原油脱硫化氢处理工作委托给承包商，而承包商又进行了转包。且在加剂过程中，事故单位作业人员在明知已暂停卸油作业的情况下，没有及时制止承包商的违规加注行为。

④加剂方法没有正规设计，加剂方案没有经过科学论证，违反《中华人民共和国安全生产法》相关要求。

⑤承包商在加剂作业中存在违规加注行为。其作业人员在经济利益的驱使下，违反设计配比，在原油停输后，将 22.6 t "脱硫化氢剂"加入输油管道中。

⑥油罐租赁单位未对原油脱硫化氢剂及其使用进行合法性审核和安全论证。

⑦原油接卸过程中指挥协调不力，层次较多，管理混乱。

⑧应急设施基础薄弱。事故造成电力系统损坏，消防设施失效，罐区停电，使得其他储罐的电控阀门无法操作，无法及时关闭周围储罐的阀门，导致火灾规模扩大。

（3）事故教训

1）应认真做好重大危险源场所的总体规划。此次事故中，整个大连大孤山地区规划油品库容达到 2 000 万 m^3 左右，分 5 个台阶建设，高差达到 76 m，所储存油品包括原油、成品油、化工原料和液化天然气。此次事故中，溢出的原油向低洼处蔓延，形成流淌火，流淌火流入库区外和相邻库区，造成大连港集团的南罐区油泵房和管道爆炸起火，威胁到整个保税区所有油库的安全。港区内原油等危险化学品大型储罐集中布置是造成事故险象环生的重要因素。在建设原油、成品油、化工原料等大库容、多品种储存基地前，应进行详细的安全论证，充分考虑定量风险评估的结果，确保一个库区发生事故时，不会影响到整个库区的安全。

在单个企业乃至化工园区重大危险源布局时，同样要考虑单一企业或单一储罐发生火灾时，对相邻储罐或相邻企业的影响。要在严格遵守各项防火标准规范的基础上，运用定量评估方法科学评估事故后果波及范围，合理布局易燃液体储罐，确保重大危险源火灾损失降低到最小。

2）应高度重视重大危险源场所的供电保障。此次事故发生初期，火灾使得罐区高架电力系统迅速瘫痪，罐区停电，其他储罐的电控阀门无法操作，不能及时关闭周围储罐的阀门，并导致消防系统不能正常工作，给火灾规模的扩大提供了条件。对于重大危险源场所的供电设计，应按照《供配电系统设计规范》（GB 50052—2009）要求合理确定供电负荷等级。对于可能导致严重后果的重大危险源，应至少采用双回路电源线路供电，同时设置移动式应急柴油发电机组，确保在断电情况下，保障重要设备的供电。

3）应确保储罐紧急切断阀在事故状态下有效使用。此次事故中，发生火灾的罐区每个罐组集中设置了一个阀组，虽然方便了生产操作维护和防冻，但一旦阀组处发生火灾，罐组中各罐控制阀门全部烧毁，导致不能有效阻止罐内物料的外流。在储罐紧急切断阀的选用时，应充分考虑事故情形下储罐紧急切断阀的正常使用，应按照故障安全性原则选用和设计，必要时设置双阀，确保在事故时能有效切断物料。

4）应重视变更可能带来的风险，进一步强化变更管理。此次事故的一个重要原因是变更管理不善，事故单位的加剂工艺发生了变更，脱硫化氢剂的活性组分由有机胺类变更为双氧水，但是没有针对这一变更进行风险分析，没有制定完善的加剂方案，在采用新工艺后，没有加强对现场作业的监管，从而导致了在加剂过程中发生严重事故。

重大危险源企业应高度重视变更管理工作，清醒认识到变更可能给工艺和设备运行带来的风险。当生产工艺或工艺流程变更时，需要对生产工艺及操作过程进行全面的安全性评估，识别和分析影响安全性的关键因素和作业环节。要进行科学的安全论证，全面辨识可能出现的安全风险，采取针对性的防范措施，确保安全。要按照"申请—审批—实施—验收"的管理程序做好变更的全过程管理工作，强化变更风险管控。

5）要加强对承包商的现场监管。在此次事故发生前，承包商配制了90吨原油脱硫化氢剂，在加剂过程中由于软管鼓泡、"脱硫化氢剂"泄漏、软管与泵连接口处脱落等原因耽误了4 h。在原油停输后，仍坚持把剩余脱硫化氢剂加入原油中，事故单位的现场监管人员对其违规行为未加制止。

企业应加强对承包商的管理，尤其是在重大危险源场所实施作业过程中的安全监管，坚决杜绝非法转包、以包代管现象，加强对重大危险源场所直接作业过程的安全监督和管理，严格查处"三违"行为，实现安全作业。

6）要加强对事故应急池的管理工作。涉及存储可燃、易燃危险化学品的重大危险源企业，应高度重视对事故应急池的管理，在加强对防火堤的维护、防止堤内液体渗漏到堤外的同时，做好罐区排水系统的管理，保证污水泵完好可用，在污水池有效容积满足事故情况下承载事故污水的需要。

7）要充分发挥重大危险源包保责任人的职责作用。重大危险源场所一旦发生事故，往往后果严重。此次事故也暴露出企业管理层级繁杂、职责不清、疏于作业现场管理的问题。重大危险源包保负责人要承担自己应尽的责任，按照包保责任制要求，落实各自主体责任。技术负责人要加强对承包商和变更的管理，操作负责人要加强对作业现场的安全管理，做到齐抓共管，才能确保重大危险源的安全。

参考文献

［1］尚勇，张勇. 中华人民共和国安全生产法释义［M］. 北京：中国法制出版社，2021.

［2］中国安全生产科学研究院. 安全生产法律法规［M］. 北京：应急管理出版社，2019.

［3］余文光，孟邹清，方来华. 化工安全仪表系统［M］. 北京：化学工业出版社，2021.

［4］杨启明，马廷霞，王维斌. 石油化工设备安全管理［M］. 北京：化学工业出版社，2008.

［5］蒋军成. 化工安全［M］. 北京：机械工业出版社，2021.

［6］李莹滢. 消防器材装备［M］. 北京：化学工业出版社，2021.

［7］赵劲松，粟镇宇，贺丁，等. 化工过程安全管理［M］. 北京：化学工业出版社，2021.

［8］孙丽丽，等. 危险化学品安全总论［M］. 北京：化学工业出版社，2021.

［9］王凯全，时静洁，袁雄军，等. 危险化学品储运［M］. 北京：化学工业出版社，2020.

［10］蒋军成. 危险化学品安全技术与管理：第3版［M］. 北京：化学工业出版社，2019.

［11］刘强. 化工过程安全管理实施指南［M］. 北京：中国石化出版社，2017.

［12］中国化学品安全协会.《危险化学品企业安全风险隐患排查治理导则》应用读本［M］. 北京：中国石化出版社，2019.

［13］中国安全生产科学研究院. 安全生产专业实务·化工安全［M］. 北京：应急管理出版社，2019.

［14］田宏，张福群. 安全系统工程［M］. 北京：中国质检出版社，2014.

［15］阳宪惠，郭海涛. 安全仪表系统的功能安全［M］. 北京：清华大学出版社，2007.

［16］吴重光. 危险与可操作性分析（HAZOP）应用指南［M］. 北京：中国石化出版社，2012.

［17］栗继祖. 安全心理学［M］. 北京：中国劳动社会保障出版社，2007.

［18］GRUHN，CHEDDIE. 安全仪表系统工程设计与应用：第 2 版［M］. 张建国，李玉明，译. 北京：中国石化出版社，2017.

［19］吴穹，许开立. 安全管理学［M］. 北京：煤炭工业出版社，2002.